观赏石文化研究

刘养杰　张丽倩　编著

天津大学出版社
TIANJIN UNIVERSITY PRESS

图书在版编目(CIP)数据

观赏石文化研究 / 刘养杰, 张丽倩编著. — 天津：
天津大学出版社, 2020.11 (2021.12重印)
陕西国际商贸学院学术著作出版基金资助出版
ISBN 978-7-5618-6807-2

Ⅰ.①观… Ⅱ.①刘… ②张… Ⅲ.①观赏型－石－
文化研究－中国 Ⅳ.①TS933.21

中国版本图书馆CIP数据核字(2020)第204013号

出版发行	天津大学出版社	
地　　址	天津市卫津路92号天津大学内(邮编:300072)	
电　　话	发行部:022-27403647	
网　　址	www.tjupress.com.cn	
印　　刷	北京虎彩文化传播有限公司	
经　　销	全国各地新华书店	
开　　本	185mm×260mm	
印　　张	6.5	
字　　数	162千	
版　　次	2020年11月第1版	
印　　次	2021年12月第2次	
定　　价	20.00元	

本书编委会

编　　著：刘养杰　　张丽倩
副主编：胡海燕　　杨　蓉
编　　委：刘养杰　　张丽倩　　胡海燕　　杨　蓉
　　　　　罗　媛　　张辛未　　罗芬红　　安　梅
　　　　　胡占梅　　董莉萍　　杨佳晨　　薛江南
　　　　　黄小梅

前　言

观赏石,作为大自然鬼斧神工之作,有奇石、灵石、雅石、丑石、文石、寿石、禅石、供石、美石等名称,深深植根于中国传统文化之中。传统的观赏石通常指以"瘦、皱、漏、透"为特点的山石,如太湖石、灵璧石、英石和昆石等。随着人们对观赏石研究的深入,受西方思想的影响,除了纯粹的艺术价值,观赏石本身的科学内涵与成因机理也受到爱好者们的关注。基于矿物学、岩石学和古生物学等学科进行分类,观赏石通常分为矿物晶体类观赏石、岩石类观赏石、古生物化石类观赏石三大类。

本书在刘养杰教授与张丽倩老师的统筹安排下完成,内容涉及我国观赏石文化的发展历史、矿物晶体的类型与文化、岩石类观赏石与文化、古生物化石类以及观赏石文化产业现状与展望5章内容。其中第一章由张辛未编写,第二章由杨蓉编写,第三章由张丽倩编写,第四章由胡海燕编写,第五章由罗媛编写,另外,感谢西安高陵奇石博物馆薛江南先生及黄小梅女士的支持。陕西国际商贸学院为本书的出版提供费用,在此表示衷心感谢。书中部分图片来自陕西省虚拟宝石实验室,部分图片来自网络,文中不再一一标注,本书主要用于教学使用,不涉及商业行为,在此一并向作者表示感谢。由于编者水平有限,难免有不足之处,敬请指正。

笔者

2020 年 8 月

目　　录

第一章　我国观赏石文化的发展历史

观赏石是指具有一定观赏性和收藏价值的石质艺术品,包括工艺石和非工艺石两种。观赏石形成于自然界,在漫长而复杂多变的地质岁月中,它经历了大自然的改造,形成了奇特的形态、丰富的色彩、变幻的纹理,以及形体各异、无可替代的特点,因而虽经过了几千年的发展变化,它仍旧以独特的魅力而博得人们的珍爱。

一、商周时期,观赏石文化逐步萌芽

商王朝时期,灵璧石被做成"虎纹石磬"用于宫廷之中。《尚书·禹贡》是我国最早的一部区域地理著作,书中记载有青州的"铅松怪石"和徐州"泗滨浮磬",而这些出现在3 000多年前的"怪石"和"浮磬"是作为帝王赏玩之物被列为贡品的,因此这段时期可以认为是我国观赏石文化发展的萌芽时期。

"浮磬"是什么?据《尚书正义》的解释,因为"石在水旁,水中见石,似若水中浮然,此石可以为磬,故谓之浮磬也"。"怪石"是什么石头?据《尚书正义》注释:"怪、异。好石似玉者。"后经过考证,书中所说的磬石、怪石都是可供观赏的。

书中记载的磬石,其实就是我们日常所说的灵璧石中的一类,它见证了我国古代观赏石文化发展的开端。

灵璧石中有一类敲击时可以发出悦耳清脆的声音,且音质动听,余音悠长。诗句"此声只有磬石有,人间它石几回闻"描述的正是中的一类灵璧石中的磬石。在很多地方,人们认为灵璧石具有灵性,其声音被视为驱邪纳福的吉祥之音,还有人对其焚香叩拜,祈求平安。灵璧石因形状、大小、部位等不同,其声音也各不相同,因此早在4 000年前的夏禹时期,灵璧石就作为贡品制磬,在宫廷奏乐中使用,在中国音乐发展史上占有重要的地位。

《山海经·西山经》记载:"騩山……凄水出焉,西流注于海,其中多采石、黄金,多丹粟。"《山海经·中山经》记载:"休与之山","其上有石焉,名曰帝台之棋……独山其下多美石。"书中记载的彩石、文石、美石达十种之多,但商周时期记载的奇石总的来说比较少。

二、春秋战国至魏晋南北朝时期,观赏石文化得到初步发展

2 000多年前,春秋时期的《阚子》记载:"宋之愚人,得燕石于梧台之东,归而藏之,以为大宝。周客闻而观焉……"秦汉时期,庭院园圃逐渐出现,因而观赏石有了较多的应用,例如秦代有名的阿房宫和汉代著名的上林苑,就有许多观赏石作为景致。

《说苑》曰:"楚庄王筑层台,延石千里,延壤百里……"可见当时园林规模已经非常大,并且院内有起伏变化的山石、奇物、层台等。

东汉及三国、魏晋南北朝时期,局势动荡,战乱不止,但仍旧有一些达官贵人很注重享受,他们搬石造景,寄情物外,不受外界影响。东汉巨富、大将军梁冀的梁园中布置了多种怪石、奇石,东晋时期顾辟疆的私人宅苑中也大量使用奇峰怪石来进行点缀。南朝建康城中的同泰寺有著名的"三品石",因其被赐以三品职衔而得名。南齐时期(公元5世纪后叶),文惠太子在建康造玄圃,其"楼、观、塔、宇,多聚异石,妙极山水"(《南齐·文惠太子列传》)。

秦汉时期观赏石的另一个重要用处与当时的阙有关。公元前212年,秦始皇"立石东海上朐界中,以为秦东门",即在今江苏省连云港市近海处建造了"秦东门阙"。

保存至今的汉代建筑物以石阙立在建筑基址入口大道的两旁为特征。以石砌成的汉阙具有两种形式。一种是碑形,其宽度与厚度的比例近方,扁平者较少,其上覆以摹刻有瓦、吻、檐及斗拱的木构建筑物的石造屋顶,也有摹刻两重檐的。另一种是除了以上述的这一部分为主阙外,其外侧连以略矮小的子阙。子阙上面也覆以石造屋顶。后一种在现存实物中出现较多。石阙的石块上雕刻有画像及铭文。

这些历史遗迹中有关古阙遗存的情况被记录了下来。汉武氏阙、汉杨宗墓阙、汉沈君阙等为后人探索历史留下了重要线索。

三、隋唐至五代十国时期,观赏石文化逐渐兴盛

秦汉时期社会经济文化发展迅速,到了隋唐时代,社会经济文化更是发展到了繁荣时期,同时也促进了我国观赏石文化的繁荣发展。

这一时期,文人墨客对赏石活动十分热衷,形体较大和外形奇特的石头用于造园和点缀,"小而奇巧者"往往用作案头清供。文人对其赏玩之外经常对其赋诗作文,因此天然的奇石便沾染了浓厚的人文色彩。这是隋唐赏石文化的一大特色,也使中国赏石文化进入了一个新的时代。

宰相李德裕是唐武宗李炎(814—846年)时期最有名的藏石家,他在奇石造园、景点点缀方面极负盛名。其位于洛阳城郊的平泉山庄,采天下奇石装扮园池,奇石品种有灵璧石、泰山石、巫山石、太湖石、罗浮石等。他将这些奇石精心布置成"名山大川",并在《题罗浮山石》诗中道"名山何必去,此地有群峰",还在收藏的每块奇石上镌刻"有道"二字,表达"此中有真意"的文化内涵。

白居易对奇石的痴迷、钟情以及研究奇石的造诣,可以从他写下的咏赞奇石的诗文中看出。他曾以《涌云石》为题作诗一首,表达了他收藏奇石的心情,诗中云:"回头问双石,能伴

老夫否？石虽不能言，许我为三友。"这生动地表明了他期盼有奇石相伴，甚至让奇石许诺成为他的好友的深切之情。

同时期另一位爱石名人是柳宗元，其在担任柳州刺史期间，对当地的观赏石十分关注并进行了研究。他在《与卫淮南石琴荐启》文中第一次明确提出了岩石的基本物理属性，并提出观赏石应该具备珍奇、特表殊形、石质弥坚、颜色自然、声音铿锵等特征。他总结出的品鉴观赏石的"形、质、色、声"四大要素，至今仍被人们作为重要的评石标准。

再往后，在我国赏石历史上具有承前启后重要地位的观赏石——研山石出现了。研山石的第一位主人是唐后主李煜，他爱石如命，在兵临城下仓皇出逃之时，因忘记带这块石头而折返，导致后来被俘。研山作为砚台的别支，一般大不盈尺，而灵璧石、英石一类质地大都下墨而并不发墨，所以研山石纯粹是一种案头清供。

众所周知，唐代乃至以前人们赏玩奇石的主要对象是园林石峰，赏玩案几供石从宋代开始才蔚然成风，而唐宋之间所出现的"研山"正好是其间的一个重要过渡，一方面，它的赏玩地点由庭院转移到案几，另一方面其被列入了文房器玩的范围，以后奇石一项便跻身于文玩之列，这都应归功于李后主。李后主常在收藏的书法名画上钤有"建业文房之印"藏印，这也是"文房"一词最早见诸印记。

四、宋代，观赏石文化发展进入鼎盛时期

我国古代赏石文化的发展在宋代进入了鼎盛时期。这一时期，藏石、赏石等行为大为风行，上至王侯将相，下至文人墨客，均热爱赏石，同时赏石文化作为一种独特的文化现象，得到了较快的发展。

宋徽宗时期，"花石纲"使得宋徽宗成为全国最大的藏石家，他对宋代的赏石文化的发展起到了很大的推动作用。因为宋徽宗的喜爱与支持，朝野上下，达官贵族、文人墨客争相效仿，一时间，整个北宋文化界刮起了一场赏石之风。

据《宋史》记载，自政和讫靖康年间，积累了十多年的花石都存放于朝廷，数不胜数，而这些花竹奇石的得来，与宋徽宗的"花石纲"密不可分。

在宋代文人雅士里面，最有名的爱石者便是米芾。

米芾（1051—1107年），湖北襄阳人，世称"米南宫"，北宋著名书法家、画家。他爱石成癖，一次，他新任无为州监军，初次上任时，发现院内立着一块形状奇特、未曾见过的大石，心下大喜，"此足以当吾拜。"于是，他立刻整好衣冠拜之，并称这块大石为"石丈"，因而被人称为"米癫"。在对奇石的观赏方面，他还创立了一套颇为权威的理论，即为后世所沿用的"瘦、透、漏、皱"四字诀。

没过多久，他又听说一块"状奇丑"的奇石，便命令衙役将其移回。米芾见到此石，

喜出望外,让仆人取过官袍、官笏,设席跪拜于地,念念有词地感叹,"吾欲见石兄二十年矣!"这一段"米芾拜石"的故事,成为后世不少画家的创作题材,更是一段赏石界的佳话。

大诗人苏东坡也酷爱奇石,并且因玩石引发了"官司"。

北宋治平四年(1067年),苏东坡担任扬州知府。一日,其表弟陈德儒赠送其两件英石,一绿一白,尺把见方,但却透漏峭崎,清远幽深。苏东坡对这两件英石爱不释手,忽然想起不久前做的一个美梦:在一处美不胜收的山水之中有一处官府,挂着"仇池"牌匾,他住入此地乐哉悠哉。梦后他与朋友说及此事,朋友说此仙境是道教十六洞天之一的"小有洞天"。于是,苏东坡马上忆起杜甫《秦州杂诗》中"万古仇池穴,潜通小有天"的佳句。苏东坡触景生情,便以"仇池"给这两件英石命名,并为之作序题诗。

宋代,我国观赏石的发展进入论石、评石的阶段。

宋代杜绾首著《云林石谱》一书,书中记载的石头产地范围广,达当时的82个州、府、军、县和地区。《云林石谱》的科学价值突出表现在它对矿物、岩石的性状描述上。如对菩萨石"或大如枣栗,则光彩微茫,间有小如樱珠,五色粲然可喜"。阳光在通过晶体时,会发生色散。杜绾对石头颜色的描述很多,有白色、青色、灰色、黑色、紫色、碧色、褐色、黄色、绿色等。此外,颜色还有深浅的区别,如深绿、浅绿、青绿、微紫、稍黑、微青、微灰黑等。他发现石头经过风化之后颜色会产生变化,如刚出土的灵璧石色青淡,"若露处日久,色即转白"。杜绾对石头的声音很注意,常用东西敲击石头,结果有的"铿然有声",有的"有声",有的"微有声",有的"声清越",有的"无声"。经本书作者统计,该书中所记石灰岩大部分叩之有声,而且有的声音清越;软的页岩声音低或无声,硬的页岩声音高;叶蜡石、滑石、水晶之类基本上没有石灰岩那种声音。杜绾对于石头的坚硬程度描述得相当精细。他用甚软、稍软、稍坚、不甚坚、坚、颇坚、甚坚、不容斧凿8个等级区别石头的硬度。在北宋时能够做得如此精细,无疑是难能可贵的。杜绾还注意到了石头表面的粗糙程度,将石头表面分为11个级别:粗涩枯燥、矿燥、颇粗、微粗、稍粗、甚光润、清润、温润、坚润、稍润、细润。

五、元代,观赏石文化发展进入低潮

进入元代以后,随着中国经济、文化的发展从鼎盛落入低潮,赏石雅事也逐渐进入低潮。

大书画家赵孟頫(1254—1322年)是当时赏石名家之一,他曾与道士张秋泉真人善,对张所藏"水岱研山"一石十分倾倒。

由于不同朝代间文化的差异,元代赏石的人虽仍旧有,却并没有像宋朝那样形成蔚然之风。因此元代我国在赏石理论上并无大的建树,审美大多承袭宋朝。

六、明清时期,观赏石文化恢复发展并大放异彩

明清两朝,是我国古代观赏石文化从恢复到全面发展的全盛时期。

人们对观赏石文化的思考和总结更加深入,把赏石文化融入园艺,各种理论与实践相互结合,并走向成熟,大量与观赏石鉴赏和应用相关的著作出现在社会上。

明代著名的专著有,造园大师计成的开山专著《园冶》、王象晋的《群芳谱》、李渔的《闲情偶记》、曹昭的《格古要论》、王佐的《新增格古要论》等。林有麟的四卷本图文并茂的《素园石谱》专著,对明代赏石理论与实践进行了高度而全面的概括,到现在依然是赏石界欣赏的"小中见大"的典范之作,把赏石的自然美提升到了更为丰富的哲学高度。

《素园石谱》是中国古代有关赏石的一部重要文献图典,但其中也有很多错误的地方,许多历史名石的形象都是作者臆测的,和现存的实物不符(典型的如宋代苏东坡的雪浪石、醉道士石,米芾的"石丈"等,可参阅《中华古奇石》一书);书中大部分文字记载都参考了宋代杜绾的《云林石谱》、赵希鹄的《洞天清录》及明人相关的笔记史料,但未注明出处,给后人解读带来许多困难。这也从侧面说明《素园石谱》的作者林有麟对当时的赏石界了解得并不是很深入。因此,这部文献只能被视为反映明代赏石概貌的重要史料,比如其对明代供石底座的描摹、对绮石(雨花石)的纹理描绘、对"宣和六十五石"(宋徽宗"花石纲"遗石)的描写等都是不可多得的重要史料。

林有麟,字仁甫,号衷斋,松江府华亭县(今上海市松江区)人,生于1578年(明万历六年),卒于1647年(清顺治四年)。因父荫授南京通政司经历,他历任南京都察院都事、太仆寺丞、刑部郎中等职,官至四川龙安府知府,很有名望,人称"林青天"。

《长物志》成书于1621年,共十二卷,被收入《四库全书》。作者文震亨(1585—1645年),字启美,江苏苏州人。他是明代大书画家文征明的曾孙,天启年间选为贡生,任中书舍人,书画咸有家风。他平时游园,咏园,画园,也自造园林。《长物志》一书完成于明崇祯七年(1634年),与园艺直接相关的有室庐、花木、水石、禽鱼、蔬果五志,另外七志包括书画、几榻、器具、衣饰、舟车、位置、香茗,亦与园林有间接的关系。书中对灵璧石、英石、太湖石、尧峰石、昆山石、名川、将乐、羊肚石、土玛瑙、大理石、永石等石种进行了详细描述。

清代赏石著作有沈心(自号"孤石翁")的《怪石录》、梁九图的《谈石》、高兆的《观石录》等数十种品石、赏石专著,把我国传统赏石文化推向了新的高度。乾隆皇帝被国人称为"爱石皇帝",在北京的皇家园林里,由他题名、题诗的雅石、奇石可以说是遍地都是。小说《石头记》(《红楼梦》)的出现,北京圆明园、颐和园的建造,在一定意义上都是赏石文化在当时社会生活与造园实践中的生动反映。因此,圆明园的烧毁对赏石界造成的损失也是不可修复的。

　　清朝喜爱奇石的文化名人非常多。孝妇河畔的三大文化名人——一代诗宗王渔洋、旷世奇才蒲松龄、才华横溢的赵执信都爱奇石，三人中最钟情奇石的就是蒲松龄了。

　　位于淄川蒲家庄的蒲松龄纪念馆中，最有名的是一块叫作"石丈"的奇石。根据专家考证，这块石头应该是扬名石坛的海岳石。海岳石是灵璧石中的珍品，坚硬似铁，洁白如玉，声如磬鸣，相传为明代藏石家米芾所藏，后来归于蒲松龄执教的毕氏家中，是毕氏的传家之宝。五绝《和毕盛钜石隐园杂咏·海岳石》云："大人何皓伟，赎尔抱花关。刺史归田日，余钱买旧山。"大意是说，海岳石就像商山四皓，博得世人尊崇。毕际有将它买来，是为了让它守护石隐园，就像商山四皓辅佐太子刘盈一样。毕际有辞官归家，用剩余的俸金整修了石隐园，也为海岳石找到了好归宿。蒲松龄在诗中将海岳石比作商山四皓，着力歌咏了海岳石的高大和古朴。

　　在蒲松龄纪念馆"聊斋"的案头上陈列着一块三星石，据导游介绍，蒲松龄在西铺时经常把玩这块奇石。它身上有三处圆形的亮点，在灯光的照射下能够闪闪发光，别具特色，三星石因此得名。因为这块石头既具有传统奇石"瘦、皱、漏、透"的特点，又具有天然玲珑之美，所以蒲松龄对它极其喜欢，爱护有加。可是，蒲松龄的诗文却没有关于三星石的记载。

　　蒲翁对园林石形象的发现与鉴赏更是慧眼独具。现珍存于蒲氏故居的四块大型太湖石奇秀苍然、磊落雄伟，当年蒲翁依其造型之奇，为其命名为"山、明、水、秀"，其意境之美，内涵之深，让人心神向往。还有那方倩姿翩翩的鸳鸯石，就像一对恋人相互依偎，窃窃私语，由此可见蒲翁爱石之广泛。

　　在蒲翁的笔下，奇石也成了他写鬼写妖、刺贪刺虐、惩恶扬善、愤世嫉俗的创作素材。他在《聊斋志异》中专门以痴人爱石为题材，写了一篇小说《石清虚》。他在《石清虚》一文中借石叙情，歌颂邢氏的高尚人品，鞭挞残忍的封建势力，抒发对自己人生遭遇的满腔孤愤，深刻地提示了封建社会的罪恶本质。

　　此外，蒲翁还对奇石之产地、成因、特色等作了深入的探讨与研究，他对奇石类别的发现以及奇石的鉴赏、研究、总结都做出了非常大的贡献。

　　处于清朝权力巅峰的乾隆皇帝，也同样喜爱奇石，尤爱灵璧石。灵璧石之所以被尊为"天下第一石"，据传说是因为乾隆皇帝六下江南时御笔亲题，他因喜爱灵璧石从而三次绕道至灵璧石产地。乾隆二十二年（1757年），乾隆第二次南巡时第一次绕到灵璧石的产地磬云山，并御题"玉磬庵"。乾隆二十七年（1762年），乾隆第三次下江南至徐州时第二次绕道灵璧石产地，在河道边发现一块据传说是当年宋徽宗"花石纲"的遗石——蟠龙石，题诗赞"贞节"，口封"博士村"。乾隆三十年（1765年），乾隆南巡住在徐州行宫，在别院里看到"蟠龙石"便勾起了他对灵璧石的产地磬云山的回忆，于是决定再去磬云山的玉磬庵，之后题字

"天下第一石",被制成匾额挂在庙堂上,当时同制一灵璧石碑立于寺院。

七、近现代,我国观赏石文化进入全面发展时期

近代,我国赏石文化发展得比较快,各种学术理论、研究成果遍地开花,已经自成体系。

近代知名的赏石著作有民国时期章鸿钊的《石雅》、20世纪三四十年代王猩酉的《雨花石小记》和张轮远的《万石斋灵岩大理石谱》。近代科学的一些理论,对我国传统赏石文化和西方赏石文化在一定程度上进行了分类比较,其中的"灵岩石质论""灵岩石形论""灵岩石色论""灵岩石文论""灵岩石象形论"以及这两种石类的等次、品级划分,是所有观赏石种赏鉴普遍适用的规则,与我们今天谈到的天然奇石的四大玩赏要素"形、色、质、纹"在本质上是一样的。

《收藏》杂志曾经刊登了一则题为《张学良旧藏回故乡》(2002年第5期)的消息,说的是2001年11月在北京海王村拍卖公司举办的"中国书店2001年秋季书刊资料拍卖会"上,一本张学良收藏的《素园石谱》(系1924年上海美术工艺制版社刊印的线装书,一函四册。首册扉页钤有朱文"孔祥熙"方印,右下方钤有白文"定远斋汉卿凤至藏书之印"一方,每册首页均钤有朱文"张氏家传"和白文"定远斋主人"印。"定远斋"为张学良藏室名),起价2 000元,最终以4 180元被人买走。我们可以推测,张学良也有赏玩奇石的爱好。

当代,我国赏石文化发展迅速,呈现出一派繁荣景象。赏石文化作为人类优秀文化遗产的一个重要文化形态,得到了进一步的认同和高度重视。近年来,各种赏石展览、专业展馆、学术团体和相关书刊大量出现,专门经营石头的生意也应运而生并空前繁荣起来,在许多地方还逐渐形成了一门新兴的产业。

据估计,全国各地现有各种观赏石群众性学术团体,大大小小当在1 000个以上;许多省(市)还形成了省(直辖市)、市(地区、州)和县(区)三级学术团体网络。其中尤以南京中华奇石馆(以雨花石为主)、武汉中华奇石馆、柳州八桂奇石馆、柳州鱼峰石玩精品馆等三十余家专业石展馆最有影响力。赏石专著、画册、报刊和资料汇编等多达数十种。其中影响较大者有桑行之等编辑的《说石》、李雪梅主编的《中国古玩辨伪全书·石玩篇》、贾样云撰写的《中国收藏与鉴赏·中国观赏石之收藏篇》、刘水编著的《南京雨花石》、袁奎荣等编著的《中国观赏石》、赵有德主编的《柳州石玩精品》(共三辑)以及刘翔编著的《石玩艺术》等。蔡丁财的《石之美》《台湾石头的故乡》以及张丰荣的《雅石铭品欣赏》较有影响。

从古代发展至今,我国观赏石文化活动的重心在逐渐变化,从较低层次的观形貌提高到观意境。观赏石爱好者都知道一件好的奇石精品只有融入人的思想感情,才能成为"艺术品"。如今,观赏石文化作为一个新型产业已开始形成,其社会化、商品化也促进了观赏石

文化的发展,这既是观赏石事业的一大进步,也是观赏石文化发展的必然趋势。

由此可见,赏石文化乃至其他各种文化都是依托在社会繁荣稳定的根本基础上的。只有把赏石文化广泛而深刻地融入与广大群众息息相关的日常生活,它才会得到持续的发展与壮大。

第二章　矿物的晶体类型与文化

矿物晶体作为大自然赐予的礼物,形成于大自然,是不可再生的宝贵资源,它们兼具地域性、稀有性、奇特性、艺术性和商品性等商品的特点,还具有学术、观赏、收藏和科学研究等深层的价值。奇特却规整的晶形、千姿百态的造型、丰富多彩的颜色和坚硬的质地等使矿晶受到越来越多人的关注与青睐,观赏之人从中可以感受到回味无穷的美。近年来,我国各地,特别是大城市,如上海、桂林、长沙等地,陆陆续续出现矿物晶簇的收藏、展览和经营之热潮。不仅如此,收藏矿物晶体的地质博物馆也如雨后春笋般地出现。博物馆作为一个国家科学文化的集萃之地,系统地收藏着那些具有历史、艺术和科学价值的人文物品和自然标本。其中大众接受度最高的还属肩负"科普"责任的自然科学博物馆。地质博物馆作为自然科学博物馆中的一种,向人们展示了实实在在的自然产物——化石、岩石、矿物……越来越多的人走进地质博物馆,他们被大自然的神奇魅力所吸引,到这里来体验天地万物之灵性与光华。

一、矿物的概念与性质

(一)矿物与矿物晶体

在说矿物晶体之前,有一个概念需要提到,那就是晶体。晶体对于大多数人来说并不陌生,我们厨房中的食盐,冬天的雪花等都是晶体。古代的人们对于晶体的认识是从具有规则几何多面体外形且透明的水晶开始的,之后人们将天然产出的具有几何多面体外形的固体等均称为晶体。但是,该认识具有局限性。以石英为例,石英既可以是呈多面体形态的水晶,也可以是外形不规则的颗粒,但其实这两种形态的石英在成分、物理性质以及内部结构上是相同的。随着 X 射线衍射分析技术的出现,人们可以更好地认识物质的内部结构。人们通过对石盐的研究发现了晶体的共性,即只要是晶体,不管外部形态规则与否,它们内部的质点在空间的排列上一定是规律的,即这些组成矿物的质点在三维空间都会呈周期性重复排列而形成格子状构造。各晶体中质点的种类、排列方向以及间距往往都是不一样的,导致不同晶体的存在。

矿物是自然界中常见的物质,它们与人们的生活、生产实践密不可分。矿物是在自然作用中形成的天然固态单质或化合物,它们具有一定的化学成分和内部结构,因而具有一定的化学性质和物理性质,在一定的物理化学条件下呈稳定状态,是固体地球和地外天体中岩石和矿石的基本组成单位。从石盐到玉石,它们都是由不同的矿物组成的。

我们这里所说的矿物晶体往往指同种矿物以完好的单晶或晶簇产出的矿物,这些矿物内部质点的排列是规律的,导致其外部形态往往具有一定的共性,故形态较为规整。并不是所有的矿物都能发育成完整且颗粒较大的晶形,具备一个能自由生长的良好空间且溶液的过饱和度比较低,是矿物晶体发育得完整、粗大的重要条件,只有在这种条件下矿物才能充分且缓慢结晶。在稳定的温度、压力条件下,流体和洞壁围岩不断相互作用,才能生成各种发育完好的矿物晶簇,以这一点看,矿物晶体是比较珍贵的。

(二)矿物的物理性质

矿物的物理性质是描述与鉴定矿物晶体的一个重要因素。它通常包括光学性质与力学性质两部分。

1. 矿物的光学性质

矿物的光学性质主要涉及矿物的颜色、条痕、光泽、透明度四个方面。

矿物的颜色包括自色、他色和假色。自色由矿物本身固有的化学成分和晶体结构决定,是自身对自然光选择性吸收、反射和折射而表现出来的颜色,是光波与晶格中的电子相互作用的结果。矿物自色的产生主要与矿物的化学组成和晶体结构有关,大部分是由组成矿物的原子或离子受可见光能量的激发发生电子跃迁或转移造成的。他色是指矿物因含外来致色杂质(一般与色素离子有关)而呈现的颜色。例如纯净的石英晶体无色透明(即水晶的自色为无色),但常因不同杂质的混入,而呈紫色(紫水晶,含铁、锰)、玫瑰色(蔷薇石英,含锰、钛),这也是很多矿物呈现出色彩斑斓的现象的原因。假色是由某些物理因素(如氧化膜、裂隙、包裹体)引起的呈色现象,如本身为黄铜色的黄铜矿表面常因氧化呈蓝绿色,这也是特征矿物的鉴定标志。

矿物的条痕是矿物在条痕板(粗白瓷板)上擦划后留下的矿物粉末的颜色。矿物颜色不一定与条痕颜色一致,例如,本身并非黑色的黄铁矿、磁铁矿、辉锑矿、方铅矿的条痕均为黑色。相对于矿物颗粒所直接呈现出的颜色,条痕色更为固定,但需要指出的是条痕适用于不透明矿物的鉴定,这是因为透明矿物的条痕一般都是白色的。很多时候,利用条痕可以很好地区别颜色相近的矿物,例如黄铁矿与黄铜矿,二者颜色相近,但是黄铁矿的条痕是黑色的,而黄铜矿的条痕为墨绿色的。

矿物的光泽反映了矿物表面对可见光的反射能力(常用反射率 R 表示)。通常按照反光程度可将光泽分为四个档次。①金属光泽:$R > 25\%$。反射光的能力很强,类似于鲜亮的金属磨光面的光泽。②半金属光泽:$R = 19\%\sim25\%$。反光能力较强,对光的反射相对黯淡,类似于粗糙金属表面的光泽。③金刚光泽:$R = 10\%\sim19\%$。反光能力略强,呈现金刚石(钻石)般的光泽。④玻璃光泽:$R = 4\%\sim10\%$。反光能力弱,类似于玻璃表面的光泽。

矿物的透明度是指矿物可以透过可见光的程度。根据矿物在岩石薄片(厚 0.03 mm)中透光的程度,矿物透明度分为三种:第一种是透明矿物(在 0.03 mm 厚的薄片上能透光),如石英、萤石、尖晶石;第二种是半透明矿物(在 0.03 mm 厚的薄片上透光能力弱),如雌黄、雄黄;第三种是不透明矿物(在 0.03 mm 厚的薄片上不能透光),如自然金、黄铁矿等。

2. 矿物的力学性质

矿物的力学性质,顾名思义,与力的作用相关,它是矿物在外力作用下表现出来的各种物理性质,在矿晶的鉴定中具有重要的意义,主要包括解理、裂理、断口、密度、硬度等方面的内容。

解理是矿物在敲打、挤压等外力作用后,沿着一定的结晶方向发生破裂,并能裂出光滑平面的性质,这些平面称为解理面。根据晶体在外力作用下破裂的难易程度以及解理面的光滑程度,解理分为五级。①极完全解理:外力作用下极易获得,解理面大而平坦,且表面十分光滑,一般解理面极薄,最典型的为云母。②完全解理:易获得解理,常裂成规则的解理块,解理面较大,光滑而平坦,如方解石、方铅矿等。③中等解理:较易得到解理,但解理面不大,平坦和光滑程度也较差,如普通辉石。④不完全解理:较难得到解理,解理面小且不光滑平坦,碎块上主要是断口。⑤极不完全解理:很难得到解理,仅在显微镜下偶尔可见零星的解理缝。

裂理是指矿物受外力作用,有时可沿一定的结晶学方向(除解理外的方向)裂成平面的性质,它通常沿着双晶接合面特别是聚片双晶接合面发生。裂开面的产生还可能是因为沿某一种面网存在有它种成分的细微包裹体,或者是固溶体离溶物,这些物质作为该方向面网间的夹层,使得矿物产生开裂。

断口是矿物受外力打击后发生的无方向、无规律的破裂面现象,不同矿物的断口一般会呈现出特定的形态:有呈圆形的光滑曲面,面上常出现不规则的同心条纹的贝壳状断口,如石英;也有呈尖锐的锯齿状的断口,延展性很强的矿物具有此种断口,如自然铜等金属矿物;还有断面参差不齐、粗糙不平的参差状断口,大多数矿物具有此种断口,如磷灰石;此外,还有呈纤维丝状的纤维状断口。

矿物的硬度是指矿物抵抗外来刻划、压入或研磨等机械作用的能力。地质科学中矿物硬度通常以摩氏硬度表示,它以十种矿物的划痕硬度作为标准,定出十个硬度等级,从小到大分别是滑石(1)、石膏(2)、方解石(3)、萤石(4)、磷灰石(5)、正长石(6)、石英(7)、黄玉(8)、刚玉(9)、金刚石(10)。日常生活中矿物硬度的鉴定可借用指甲(硬度约为 2.5)和小刀(硬度约为 5.5)估算范围。

矿物的密度是指单位体积矿物的质量,通常度量单位为 g/cm^3。在实际工作中,为了方便起见，我们总是用矿物的相对密度进行描述。矿物的相对密度是指纯净的矿物在空气中的质量与 4 ℃时同体积水的质量之比。4 ℃时水的密度为 1 g/cm³，经过比较之后，矿物的密度单位被去掉，数值上与实际密度值相同。相对密度分为轻级、中级和重级。相对密度小于 2.5 的矿物为轻级矿物，如石墨（2.5）、自然硫（2.05~2.08）、石盐（2.1~2.2）；相对密度介于 2.5 和 4 之间的矿物为中级矿物，如石英（2.65）、斜长石（2.61~2.76）、金刚石（3.5）；相对密度大于 4 的矿物即为重级矿物，如重晶石（4.3~4.7）、磁铁矿（4.6~5.2）、方铅矿（7.4~7.6）。

二、矿物晶体的形态

自然界中超过 90% 的矿物都是以晶体的状态存在的，故相同的矿物往往会有特定的形态。矿物的晶体形态是其化学组分、晶体结构和形成环境的综合反映，不同的矿物一般具有不同的形态。这些形态不仅构成了人们识别各种矿物的依据，而且使人们在矿物鉴赏中得到美的享受。常见的矿物往往有单体、连生体以及集合体三种形态，下面分别对其进行介绍。

（一）矿物的单体形态

在相同的生长条件下，同种矿物总是具有相同的晶体形态，这就是我们经常所说的结晶习性。

一般来说，常见的矿物单晶体按照在三个相互垂直的方向上发育的程度，可分为三种结晶习性：第一种，晶体沿一个方向生长，形态常呈柱状、针状、毛发状以及纤维状等，如绿柱石、电气石、金红石等；第二种，晶体沿一个平面方向特别发育，形态常呈板状、片状、薄片状或薄层状等，如辉钼矿、云母等；第三种，晶体沿空间三个方向同等发育，形态常呈等轴状、粒状等，如石榴石、黄铁矿、方铅矿等。晶体的结晶习性受其自身的影响，同时与环境条件密切相关，同一晶体在不同的外部环境条件下也可能形成不同的形态，如萤石晶体，在岩浆和伟晶作用下呈八面体形态，在高温热液作用下呈菱形十二面体，在低温热液作用下呈立方体形态。

但在实际生长过程中，有些晶体并非严格按照上面提到的三种结晶习性成长，而呈现出介于以上三者之间的形态，属于过渡类型。对于这些形态的矿物晶体，可以采用复合词进行描述，如板柱状、板条状、短柱状、厚板状等。

在晶体的生长过程中，由于外界环境的影响，晶体中会留下一些印记，包括晶面条纹、生长层、螺旋纹、生长丘、蚀象等。

1. 晶面条纹

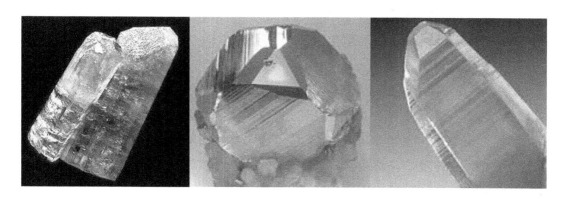

晶面条纹为晶面上由一系列平行或交叉的直线所形成的花纹,这些花纹严格按照一定的结晶方向分布,可呈现粗细宽窄不同的特点。

2. 生长层

生长层为晶面上呈现的一系列平行的堆叠层。它是晶体在生长时,晶面平行向外推移形成的像地图上的等高线一样的花纹。

3. 螺旋纹

螺旋纹为晶体螺旋位错生长留下的螺旋状线纹。

4. 生长丘

生长丘为晶面上微凸起的丘状体。同一晶面上的生长丘具有相同的规则外形。

5. 蚀象

蚀象为晶体遭受溶蚀后在晶面上遗留下来的一种具有一定形状的凹坑。由于蚀象受晶面附近质点排列方式的控制和环境条件的影响,不同矿物晶体和同一晶体不同单形晶面上蚀象的形状和取向便不相同，只有同一晶体且同一单形晶面上的蚀象才可能相同。

（二）矿物的连生体形态

晶体在生长时常常会连在一起，形成各种形式的连生体。

1.双晶

双晶是两个或两个以上同种晶体构成的不平行的规律连生体，又称孪晶。双晶中的单晶体可以通过某一面的反映、轴的旋转或点反伸（倒反）达到彼此重合或完全平行。双晶有由简单平面连起来的简单双晶，也有单晶体间相互穿插构成的穿插双晶。各种晶体出现双晶的概率相差比较大，有些晶体极少见到双晶，而方解石、锡石、十字石等矿物的双晶就比较常见，这些双晶也是矿晶中受人瞩目的亮点。

2.晶体的平行连生

晶体在生长过程中，有时会一个接着一个地长在一起，如果连着生长的每一个晶体的相对应的晶面和晶棱都相互平行，就形成了平行连生的形态。这些单晶体看似彼此为不同的个体，实际上内部的晶体格子彼此相连，连生着的每一个晶体在宏观上表现出相对应的晶面和晶棱都相互平行的状态。

（三）矿物的集合体形态

除了上述提到的单晶和连生体，更多的时候晶体是由许多个单体聚集在一起形成的矿物集合体。自然界中的矿物集合体,可根据肉眼是否可以辨别,分为显晶集合体、隐晶集合体和胶体集合体。

（1）显晶集合体:矿物集合体中颗粒界限用肉眼或放大镜可以直接分辨出的为显晶集合体,这些构成显晶集合体的个体本身的形态具有一定的特征,在描述时可根据形态进行分类。

①粒状集合体:由各个方向发育大致相等的颗粒组成。

②片状或鳞片状集合体:由片状矿物组成,按片状大小可分为片状集合体或鳞片状集合体。

③柱状、针状集合体:由一向延长的单体组成,按其粗细可分为柱状、针状或放射状集合体。

（2）隐晶集合体：隐晶集合体只能在显微镜的高倍镜下才能分辨出它的单体，而胶体集合体中不存在单体。

（3）胶体集合体：包括分泌体、结核体、鲕状体、豆状体、肾状体以及钟乳状体。

①分泌体：岩石中的空洞被胶体溶液从洞壁开始逐层向中心渗透、沉淀、充填而成的集合体称为分泌体。

②结核体：结核体是围绕某一核心自体内向外发育而成的球体、凸镜体或瘤状的矿物集合。

③鲕状、豆状、肾状体：胶体围绕其他物质凝聚生长而成的集合体，小的可称为鲕状体，较大的称为豆状体，再大者则称为肾状体。

④钟乳状体：钟乳状体是由溶液或胶体失水而逐渐凝聚而成的集合体，常见于碳酸盐岩中。

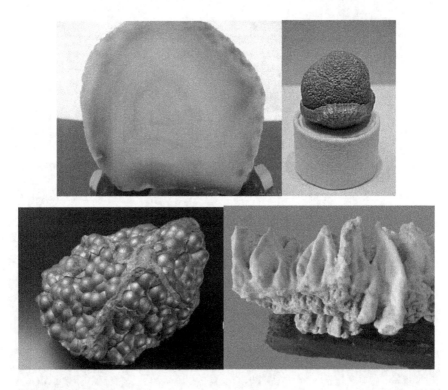

三、矿物晶体的形成与变化

（一）矿物晶体的形成

矿物是自然界各种地质作用的产物。根据作用的性质和能量来源，自然界的地质作用分为内生作用、外生作用和变质作用三种。内生作用的能量源自地球内部，如火山作用、岩浆作用；外生作用为太阳能、水、大气和生物所产生的作用（包括风化、沉积作用）；变质作用指已形成的矿物在一定的温度、压力下发生改变的作用。在这三方面作用下，矿物形成的方式有三种,首先是气态变为固态,例如火山喷出硫蒸气或 H_2S 气体,前者因温度骤降可直接升华成自然硫, H_2S 气体可与大气中的 O_2 发生化学反应形成自然硫。我国台湾大屯火山群和龟山岛就有这种方式形成的自然硫。其次是液态变为固态,这是矿物形成的主要方式,可进一步细分为两种形式。第一种是从溶液中蒸发结晶,我国青海柴达木盆地,由于盐湖水长期蒸发不断浓缩而达到饱和,从中结晶出石盐等许多盐类矿物,就是这种形成方式。第二种是从溶液中降温结晶。地壳下面的岩浆熔体是一种成分极其复杂的高温硅酸盐熔融体(其状态像炼钢炉中的钢水),其在上升过程中温度不断降低,当温度低于某种矿物的熔点时就结晶形成该种矿物。岩浆中所有的组分随着温度下降不断结晶,形成一系列的矿物。一般熔点高的矿物先结晶成矿物。最后是固态变为固态,主要是由非晶质体变成晶质体。火山喷出的熔岩流迅速冷却,来不及形成结晶态的矿物而固结成非晶质的火山玻璃,经过长时间的作用后,这些非晶质体可逐渐转变成各种结晶态的矿物。由胶体凝聚作用形成的矿物称为胶体矿物。例如,河水能携带大量胶体,在出口处与海水相遇时,由于海水中含有大量电解质,河水中的胶体产生胶凝作用,形成胶体矿物。滨海地区的鲕状赤铁矿就是这样形成的。

(二)矿物晶体的变化

矿物都是在一定的物理化学条件下形成的,当外界条件变化后,原来的矿物可能变化,甚至形成另一种新矿物,如黄铁矿在地表经过水和大气的作用后,可形成褐铁矿。跟矿物晶体变化相关的现象包括溶蚀、交代等。

溶蚀是矿物生成之后,遭受后期溶液的作用,发生部分溶解或全部溶解的现象。交代是在地质作用下,已形成的矿物与熔体或溶液发生化学反应,引起成分上的交换,使原矿物转变为其他矿物的现象。原形成的非晶质矿物在漫长的地质历史过程中逐渐变为结晶体,从而形成另一种矿物的现象称为晶化或脱玻化;原形成的晶质矿物在漫长的地质历史过程中获得能量使晶格遭到破坏,从而形成非晶质矿物的现象称为非晶化或玻璃化作用。一种矿物交代另一种矿物后,仍保留原矿物晶体形态的现象称为假象。

四、矿物晶体的类型与文化

(一)碳酸盐类矿物晶体

图库网址:https://zbxy.csiic.com/info/1204/3254.htm

碳酸盐类矿物的晶体形态多见菱面体状和板柱状两种,这与其内部的结构相关。该类矿物由于所含离子不同,其颜色、光泽也不同。总体来说该类矿物硬度较低,硬度基本上都不会超过5。

1.方解石

方解石的成分是碳酸钙($CaCO_3$),它是天然碳酸钙最常存在的形式。方解石晶体的晶形受温度影响较大,随着温度的变化会呈现多种多样的形态,常见晶形有菱面体、复三方偏三角面体以及菱面体与六面体的聚形。它的集合体可以是一簇簇的晶体,也可以是粒状、块状、纤维状、钟乳状、土状晶体等。方解石的名称来源于其解理。由于解理的缘故,敲击方解石可以得到很多方形碎块。在物理性质方面,其具有碳酸盐矿物的通性,硬度较小(摩氏硬度为3),用小刀可刻划,相对密度为2.6~2.9。方解石的一个很大的特征是遇到盐酸会起大量的气泡。

方解石本身为无色或白色,当含有Fe、Co、Mn及Cu等致色离子时颜色会发生变化,呈现出褐黑、浅黄、浅红、蓝绿等色调。当方解石呈无色透明时,它被称为冰洲石。它有一个奇妙的特点,那就是透过它可以看到物体呈双重影像,该现象主要与方解石的双折射特征相关。

方解石成因广泛,完整的方解石晶体常与热液作用相关。其实,我们熟知的溶洞即由方解石结晶形成。在石灰岩发育的地区,石灰岩溶解在水中形成碳酸钙溶液,碳酸钙溶液在适宜的条件下沉淀出方解石,形成千姿百态的钟乳石、石笋、石幔、石柱等美丽的自然景观。

据记载,方解石还可入药,在治疗骨质疏松症,预防动脉硬化、记忆衰退以及消除异味、湿气等方面具有明显的药效果。

2. 文石

文石在化学组成上与方解石相同,是方解石的同质多像体。但因结构上的差异,其与方解石具有明显的不同之处。文石的单晶体常以柱状或矛状出现,但单晶体较少见,常见的为双晶或三连晶,三连晶常穿插呈假六方形态。晶体集合体形态多样,可呈纤维状、柱状、晶簇状、皮壳状、钟乳状、珊瑚状、鲕状、豆状和球状等。文石以白色、黄白色居多,呈玻璃光泽,断口呈油脂光泽。文石的硬度为3.5~4,较方解石大。

　　文石主要形成于外生作用条件下,出现于蛇纹石化超基性岩的风化壳及石灰岩洞穴中。珍珠和软体动物贝壳内壁珍珠层的组成物质,与文石完全相同。

　　到目前为止,已知的出产文石的地方少之又少,世界上只有我国台湾的澎湖列岛和意大利的西西里岛出产文石。其中澎湖的文石色彩鲜艳,质地优良,有天然的"猫眼",备受人们的青睐。对于澎湖文石来说,最早开采文石的地方是澎湖列岛中的第四大岛——望安岛,所产文石色泽深,硬度高,质地优,由于开采时间过长,该岛的资源已经枯竭。除了望安岛之外,将军屿、白沙岛以及风柜半岛也是文石资源的主要富集地,将军屿出产的文石色彩艳丽,质地坚硬,以文石眼和镶金边文石最名贵;白沙岛出产的文石,以淡黄、绿色或乳白色为主,色彩淡雅,造型别致,其中同心花纹文石、葡萄状文石最珍贵;风柜半岛出产的文石色泽艳丽,质地细腻,上面常带有天然的精美图案,其中的千眼文石更是稀少,一年出产不过几十枚,非常珍贵。

3.菱锰矿

　　菱锰矿的成分为碳酸锰($MnCO_3$),单晶一般呈菱面体,完整的菱面体晶形很少见,集合体呈粒状、块状、鲕状或土状等形态。颜色呈淡玫瑰红色或紫红色,含有铁、钙、锌等元素,晶体的颜色会随含钙量的增加而变浅,有玻璃光泽,透明至半透明。菱锰矿的摩氏硬度为3.5~4.5,相对密度为3.6~3.7,其成因主要与沉积作用相关,单晶主要形成于热液作用。

　　菱锰矿颜色艳丽,结晶完整的晶体深受收藏者的喜爱,这在一定程度上与菱锰矿的产量相关。虽然世界上产菱锰矿的国家众多,但近百年来能作为收藏品的菱锰矿只有美国、秘鲁、阿根廷、罗马尼亚、日本、南非和中国有极少量的产出,其中南非、美国、秘鲁、阿根廷四国产出的质量最好。

　　阿根廷的菱锰矿比较独特,它属于沉积型,晶体外表完整光滑,切开来看,是一圈圈颜色鲜亮、红白相间的花纹。达到宝石级别的菱锰矿被人形象地称为"印加玫瑰",由于它是阿根廷的国石,所以还被叫作阿根廷石。

其他各国产的菱锰矿基本上都是热液成矿的,晶体随着产地的不同而色彩、质地稍有差异。德国产的菱锰矿如一簇簇小菊花,可惜颜色不够鲜亮,又是长在黑灰色的基岩上,看上去就不太起眼。日本的菱锰矿颜色也较浅,而且它是钟乳状的薄薄一层,长在土黄色的基岩上。

罗马尼亚的菱锰矿在形态上非常漂亮,如一圈圈花瓣,长在雪白的小水晶上,但是颜色偏淡是其一大缺点。中国产的菱锰矿颜色较好,但共生矿物太多,整体看起来过于繁杂,突出不了菱锰矿的美丽。

总体来看,秘鲁和美国产的菱锰矿颜色纯正、艳丽,晶体粗大突出,而且多与晶莹剔透的水晶长在一起,红白映衬,整体观感较好。除此之外,南非产的菱锰矿具有明显的特点,其由一个个光洁如玉的圆球相互叠加在一起,给人一种十分可爱的感觉。

4. 孔雀石

孔雀石主要由碱式碳酸铜($Cu_2(OH)_2CO_3$)组成。单晶形态常呈柱状或针状,但较为少见,而隐晶钟乳状、块状、皮壳状、结核状和纤维状集合体较为多见。孔雀石的横截面上往往具同心层状结构。孔雀石的颜色为不同程度的绿色,孔雀绿、暗绿色等都可见。孔雀石多不透明,根据形态不同呈现丝绢光泽或玻璃光泽。孔雀石的硬度不是很大,介于3.5和4之间,相对密度为2~2.4。

孔雀石的中文名称与英文名称都来自其极具代表性的颜色。孔雀石得名于其颜色酷似孔雀羽毛上斑点的绿色。另外,孔雀石在中国古代还被称为"绿青""石绿"或"青琅玕"。孔雀石的英文名称为Malachite,来源于希腊语Mallache,意思是"绿色"。

作为观赏石,颜色鲜艳、纯正均匀、色带清晰、块体致密无洞的孔雀石是佳品,且越大越好。另外,孔雀石还可被雕刻成鸡心吊坠、蛋形戒面、项链,也可制成印章料。

天然孔雀石呈现浓绿、翠绿的光泽,虽不具备常见珠宝的璀璨,但有种独一无二的高雅气质,是一种高贵之石。在我国古代,孔雀石作为一种古老的玉料常被做成各种首饰供人们佩戴,但是因其价格昂贵,所以普通百姓是无缘佩戴的。"孔雀石"一词具有"妻子幸福"的寓意。另外,关于孔雀石有很多神秘传说,相传几千年前古埃及人曾经将其尊称为"神石",并认为它具有驱除邪恶的作用,所以将其作为护身符使用;在德国,人们认为佩戴孔雀石的人可以避免死亡的威胁,从根本上说,也是将孔雀石作为护身符使用。

5. 蓝铜矿

蓝铜矿的化学成分为 $Cu_3(CO_3)_2(OH)_2$,它也是含铜的碳酸盐矿物,有时也被称为石青。蓝铜矿的单晶体十分稀少,通常为柱状、厚板状、粒状、钟乳状、土状等形态,颜色呈不同程度的蓝色,有玻璃光泽;解理完全或中等,断口呈贝壳状。蓝铜矿摩氏硬度为 3.5~4,相对密度为 3.7~3.9。

蓝铜矿常与孔雀石紧密共生于铜矿床氧化带中,是含铜硫化物氧化的次生产物。蓝铜矿易转变成孔雀石,所以蓝铜矿分布没有孔雀石广泛。

6. 白云石

白云石的化学成分为 $CaMg(CO_3)_2$。单晶体呈菱面体,晶面常弯曲成马鞍状,聚片双晶较为常见,集合体通常呈粒状。纯净的白云石为白色,含铁时呈灰色,也可因风化作用呈现出褐色。白云石呈玻璃光泽。

（二）硫酸盐类矿物晶体

1. 重晶石

重晶石的主要组成为硫酸钡（$BaSO_4$），常见形态为厚板状或柱状，集合体呈致密块状或板状、粒状。重晶石的自色为白色，呈玻璃光泽，由于杂质及混入物的影响也常呈灰色、浅红色、浅黄色等颜色，结晶情况相当好的重晶石还可以透明的晶体出现，在解理面上常可见珍珠光泽。重晶石的摩氏硬度为 3~3.5，相对密度为 4.0~4.6，相对于其他类似矿物来说密度明显较大，这也是其名称的来源。黑晶石主要产于低温热液矿脉和沉积岩中，是常见的矿物。

2. 石膏

石膏的主要成分是富含结晶水的硫酸钙（$Ca(SO_4) \cdot 2H_2O$），单晶体一般呈板状或晶形完整的粒状，小者如手指，大者长度可超过 1 m，是很好的矿晶观赏石。集合体形态多姿，有呈细粒状的雪花石膏、纤维状的纤维石膏，还有土状、片状及玫瑰状集合体。石膏可形成双晶，两块板状石膏晶体可形成"燕尾双晶"，它是有趣的观赏石。石膏的硬度和密度都很小，摩氏硬度为 2，相对密度为 2.3，具有完全解理。

在观赏石市场上吸引了众多爱好者的沙漠玫瑰在成分上其实就是石膏，当石膏由多片

板状结晶交叉,形成簇群玫瑰状,长在沙漠地区的土壤里时,就成为俗称的"沙漠玫瑰"。沙漠玫瑰有一瓣瓣石瓣,逼真地组成玫瑰花瓣。它是细沙在几千万年甚至几亿年的风雨雕塑中风化而形成的。其外形酷似盛开的玫瑰,千姿百态,色彩多变,瑰丽神奇。玫瑰石花中还有零星的细沙镶嵌在花瓣的中间。它没有玫瑰花的叶和刺,只有花朵默默地开放在戈壁滩中,但它永远不会枯萎,也不会凋零,深受大众的喜爱。

3. 硬石膏

硬石膏的主要成分为无水硫酸钙($CaSO_4$),与石膏的不同之处在于它不含结晶水。晶体呈柱状或厚板状,集合体呈块状或纤维状。硬石膏呈无色、白色,或因含杂质而呈浅灰色、浅蓝色或浅红色,具有玻璃光泽,条痕为白色,解理面呈珍珠光泽,具三组相互垂直的解理,可裂成长方形解理块。摩氏硬度为 3~3.5,相对密度为 2.98。

(三)氧化物类矿物晶体

图库网址:https://zbxy.csiic.com/info/1204/3193.htm

1. 石英类矿物晶体

通常意义上的石英多指低温石英,地质学上称为 α- 石英。一直以来,石英都是矿晶收藏的热门品种。石英单晶体一般呈柱状,柱面上有横纹,无解理,断口呈油脂光泽,硬度较大,抗风化能力较强。透明的石英称为水晶,含锰、铁且颜色呈紫色者被称为紫晶,含铁、呈金黄色或柠檬色者被称为黄水晶,含锰、钛且呈玫瑰色者被称为蔷薇石英(又称为芙蓉石),含鳞片状赤铁矿或云母、颜色呈红色或黄色者被称为砂金石;含针状矿物包裹体者被称为发晶,当石英交代纤维石棉呈丝绢光泽者被称为猫眼石。石英的硬度为 7,相对密度为 2.65。

水晶曾有过水玉、水碧、水精、菩萨石、马牙石、眼镜石等众多的名称,每个名称都是水晶特殊性质的具体表现,构成了绚烂的文化篇章。对于水晶,人们关注它的美的同时,也关注它背后的文化。据说水晶凝聚了古往今来天地之灵气,其是由地壳的各种元素沉淀,再经过岁月的淬炼而形成的。由于石英本身的压电性,每种水晶代表着不同的能量频率,并且产生不同的磁场和功能,故水晶有"风水之石"之称,这让水晶成了矿物晶体爱好者的焦点。

除了水晶之外,玛瑙、玉髓的成分也是石英。玛瑙常呈致密块状,有各种构造,如乳房状、葡萄状、结核状等,常见的为同心圆构造。玛瑙的颜色由外至内有明显的条带交互排列,色彩有明显的层次感,半透明与不透明的玛瑙都可见。玛瑙具有各种颜色的环带条纹,质地细腻且没有杂质,有玻璃的光泽。因颜色分明、层次感强、条带明显,玛瑙受到了广大收藏者的喜爱。由于玛瑙是从外向内生长的,部分玛瑙被切开后出现空心或长满小水晶的情况,别具一格。有条带状构造的隐晶质石英就是玛瑙,没有条带状构造、颜色均一的隐晶质石英就是玉髓,其通透感极强。

2. 尖晶石

尖晶石为镁和铝的氧化物（$MgAl_2O_4$），常见单晶体形态，通常为八面体，也可见菱形十二面体和立方体。尖晶石中常含有镁、铁、锌、锰等元素，形成镁尖晶石、铁尖晶石、锌尖晶石、锰尖晶石等，这也导致尖晶石呈现出不同的颜色，如镁尖晶石为红、蓝、绿、褐色或无色，锌尖晶石为暗绿色，铁尖晶石为黑色等。尖晶石的硬度为8，相对密度为3.60左右。其成因较为广泛，可形成于火成岩、花岗伟晶岩和变质石灰岩中。

3. 刚玉

刚玉是一种由氧化铝(Al_2O_3)结晶形成的矿物,常见单晶体,呈柱状、桶状、腰鼓状,柱面上常发育斜条纹或横纹,底面上有时可见三角形裂开纹;集合体呈粒状;颜色多呈灰、灰黄色,硬度大(摩氏硬度为9),相对密度为4。刚玉常因类质同象而呈现出金黄(含致色元素 Ni、Cr)、黄(含致色元素 Ni)、红(含致色元素 Cr)、蓝(含致色元素 Ti、Fe)、绿(含致色元素 Co、Ni、V)、紫(含致色元素 Ti、Fe、Cr)、棕或黑(含致色元素 Fe)、白炽灯下蓝紫和日光灯下红紫(含致色元素 V)等颜色。颜色美丽、杂质较少的刚玉可构成宝石,掺有金属 Cr 的刚玉颜色鲜红,一般称为红宝石;含 Fe 和 Ti,呈蓝色以及其他颜色的刚玉均可归于蓝宝石。

刚玉形成于高温富铝、贫硅的条件下,在内生作用中以及变质作用中均可形成,但能形成红宝石和蓝宝石级别的刚玉是十分稀少的。

红宝石的英文名称为"Ruby",该词源于拉丁语,意思是红色。传说戴红宝石的人会健康长寿,聪明智慧,爱情美满,而且左手戴上红宝石戒指或者左侧戴一枚红宝石胸饰,就会有一种逢凶化吉、变敌为友的魔力。相传古代缅甸的有些武士为了达到刀枪不入的目的会在身上割一小口,将红宝石嵌入。

直到现代,红宝石仍被当作宝石中的珍品对待,由于火红的颜色如骄阳似火的七月,故红宝石又被当作 7 月生辰石,给人以热情的感觉。此外,人们还把红宝石比作热烈的爱情,将其作为结婚 40 周年的纪念石。

蓝宝石的英文名称为 Sapphire,该词来自拉丁语,意思是"对土星的珍爱"。据说它能保护国王和君主免受伤害和妒忌,是最适合做教士环冠的宝石。基督教教徒常常把基督教的"十诫"刻在蓝宝石上,作为镇教之宝。波斯人认为,大地是由一个巨大的蓝宝石来支撑的,是蓝宝石的反光将天穹映成蔚蓝色的。据说蓝宝石可以除去眼中的污物和异物,1391 年伦敦圣保罗大教堂收到的礼物中有一颗蓝宝石,捐赠人要求把这颗蓝宝石陈列在斯托·埃尔金瓦尔德(Sto Erkinwald)神殿上,用来治疗眼疾,并且公布治疗效果。此外,蓝宝石还具有多层的含义,它是传统的 9 月份生辰石,还是结婚 45 周年的纪念石。清朝三品官的顶戴标志即为蓝宝石。

4. 金绿宝石

金绿宝石是一种铍铝氧化物($BeAl_2O_4$),也称金绿玉。单晶体多呈板状、短柱状;双晶发育,经常形成心形双晶或假六方贯穿三连晶。颜色如其名称,以黄绿色为主,另有黄色、褐黄色,呈玻璃光泽,介于透明和半透明之间。硬度极大(8.5),相对密度为 3.71~3.75。

金绿宝石的英文名称为 Chrysoberyl,该词源于希腊语的 Chrysos(金黄)和 Beryuos(绿宝石),意思是"金色绿宝石"。它位列名贵宝石,具有猫眼、变石、金绿宝石三种形式晶体。普通的为金绿宝石,具有猫眼效应的变种叫猫眼石,具有变色效应的变种叫变石。在所有宝石中,具有猫眼效应的宝石品种很多,但在国家标准中只有具有猫眼效应的金绿宝石才能直接称为猫眼,其他具有猫眼效应的宝石要在猫眼前加上宝石的名称。变石中由于含微量的铬离子,在日光灯下呈蓝色、蓝绿色,在白炽灯下呈紫红色,具变色效应。

5. 赤铁矿

赤铁矿是常见的一种矿物,它的化学成分为氧化铁(Fe_2O_3)。单晶体常呈板状或菱面体;集合体形态多样,显晶质的有片状、鳞片状或块状,隐晶质的有鲕状、肾状、豆状、粉末状和土状等。赤铁矿颜色变化较大,呈红褐、钢灰至铁黑等色,但不管颜色如何变化,其条痕均为樱红色,这可作为鉴定赤铁矿的可靠手段。

　　赤铁矿形态多样,根据形态等特征,又有以下一些形象的名称:具金属光泽的片状赤铁矿集合体称镜铁矿;具金属光泽的细鳞片状集合体称云母赤铁矿;呈鲕状或肾状的称鲕状或肾状赤铁矿;粉末状的赤铁矿称铁赭石。这些各异的形态与形成环境息息相关,一般由热液作用形成的赤铁矿呈板状、片状或菱面体的晶体形态,云母赤铁矿是沉积变质作用的产物,鲕状和肾状赤铁矿是沉积作用的产物。

(四)硫化物类矿物晶体

图库网址:https://zbxy.csiic.com/info/1204/3189.htm

1. 黄铁矿

黄铁矿的化学成分为 FeS_2,是铁的二硫化物。单晶体的黄铁矿较为常见,通常呈立方体、五角十二面体以及八面体,晶面上发育晶面条纹,集合体呈致密块状、粒状或结核状。黄铁矿的颜色呈浅黄铜色,具有较强的金属光泽,常被误认为是黄金,故又称为"愚人金",其条痕颜色与自身颜色不同,为绿黑色。黄铁矿硬度为6,相对密度为4.9,具有参差状断口。

　　黄铁矿成因广泛,可形成于岩浆岩、沉积岩以及变质岩中。岩浆成因的黄铁矿是岩浆期后热液作用的产物,常呈细小浸染状。接触交代矿床中的黄铁矿常形成于热液作用后期阶段,与其他硫化物共生。形成于热液矿床的黄铁矿一般以完整的晶形与其他硫化物、氧化物等矿物共生,有时可以形成黄铁矿的巨大堆积。在沉积岩、煤系及沉积矿床中,黄铁矿以团块、结核或透镜体的状态产出。在变质岩中,黄铁矿往往作为变质作用的新生产物产出。

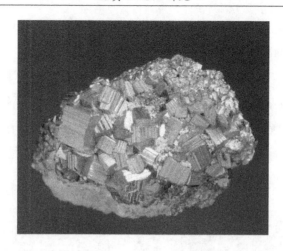

2. 辉锑矿

辉锑矿是锑的硫化物,化学成分是 Sb_2S_3。单晶的辉锑矿呈长柱状或针状,柱面具明显的纵纹,集合体一般呈柱状、针状、放射状或块状,形态极具特征性。辉锑矿颜色为铅灰色,条痕为黑灰色,具有强金属光泽,不透明,沿柱面发育有一组完全解理。我国辉锑矿资源丰富,而辉锑矿又因形态奔放有力,观赏性极强,被众多博物馆与矿物爱好者争相购藏。除了形态上的特征,还可借助化学试剂对辉锑矿进行检测,细粒的、块体的辉锑矿遇 KOH 会立刻呈现从黄色至橘红色的变色性。辉锑矿形成于中低温的热液矿床中,主要富集于由辉锑矿单矿物组成的石英脉或碳酸盐矿层中。

1982 年我国发行了中华人民共和国成立以来唯一一套共四枚的矿物邮票,邮票被誉为国家名片,而辉锑矿就是这套"国家名片"上的四种矿物中的一员,这足以显示出辉锑矿的受宠程度。

3. 辉钼矿

辉钼矿是钼的二硫化物(MoS_2)。其质地较软(硬度 1~1.5),极易劈为可弯曲而无弹性的薄片,具有滑感,常呈薄片状、鳞片状,另外可见浸染状、粒状或可解理的块状。纯的辉钼矿呈铅灰色,具有强烈的金属光泽。辉钼矿主要形成于接触交代的矽卡岩中和热液环境中,在云英岩化花岗岩、斑岩中也有产出。

4. 方铅矿

方铅矿是硫与铅的化合物(PbS)。物如其名,其单晶体常呈立方体形状,也可见到八面体,单独出现的方铅矿较为少见,而往往是很多这样规则的晶体聚在一起形成粒状或块状集合体;集合体也有粒状或致密块状。方铅矿为铅灰色,条痕为灰黑色,具有金属光泽。方铅矿具有硬度小(硬度为 2~3)、相对密度大(相对密度为 7.4~7.6)的特点,三组解理完全。方铅矿主要为热液成因,总是与闪锌矿共生。

5. 闪锌矿

闪锌矿的化学成分为 ZnS,它是硫和锌的化合物。晶体形态呈四面体或菱形十二面体,通常呈粒状集合体产出。纯闪锌矿近于无色,但常见的闪锌矿呈浅黄、黄褐、棕甚至黑色,这是因为闪锌矿中常有铁的加入,且铁的含量越大,闪锌矿颜色越重,相应地由透明变为半透明,甚至不透明,由金刚光泽、树脂光泽变至半金属光泽。闪锌矿摩氏硬度为 3.5~4.0,相对密度为 3.9~4.2,随铁含量的增大,硬度增大而相对密度降低。其具完全的菱形十二面体解理。闪锌矿是分布最广的富锌矿物,主要为热液成因,总是与方铅矿共生。

6. 黄铜矿

黄铜矿的化学组成为 $CuFeS_2$，是一种铜铁硫化物，常含微量的金、银等元素。单晶体的黄铜矿呈四面体状，但比较少见，常见呈不规则粒状及致密块状的集合体，也可见肾状、葡萄状集合体。黄铜矿的颜色为黄铜黄色，条痕为微带绿的黑色，由于铜离子发生氧化，有时黄铜矿的表面会显现出斑状锈色。

黄铜矿有金属光泽，不透明，具导电性，硬度为 3~4，性脆，相对密度为 4.1~4.3。黄铜矿在很多特征上都与黄铁矿相像，但是硬度不如黄铁矿。同黄铁矿一样，其在野外很容易被误认为黄金。黄铜矿可形成于岩浆环境和中温热液环境中。

7. 雌黄

雌黄的主要成分是三硫化二砷（As_2S_3），有剧毒。单晶体的雌黄呈短柱状或者板状，集合体呈片状、梳状、土状等。雌黄的颜色为柠檬黄色，条痕呈鲜黄色，半透明，具有金刚光泽至油脂光泽。雌黄的摩氏硬度在 1.5 至 2 之间，相对密度是 3.49。在中国古代，雌黄还是一种中药。《神农本草经》里面将雌黄列为中品，其他古代医药书籍也有雌黄入药的记载，其可用于杀虫、解毒、消肿等。

提到雌黄，很多人会联想到"信口雌黄"一词，那两者之间是否有联系呢？由于雌黄颜色为黄色，硬度很小，可以轻易研磨开。古时人们写字时用的是黄纸，如果把字写错了，用这种矿物涂一涂，就可以重写。雌黄可以说是古代的涂改液，所以才有"信口雌黄"一说，其意思是不顾事实，随便乱说。

8. 雄黄

雄黄，同雌黄一样是砷的硫化物，但是结构不同，其化学成分为 As_4S_4。单晶体的雄黄通常呈柱状、短柱状或针状，但比较少见，通常以粒状、紧密状块的集合体形态出现。因雄黄呈橘红色，故又称作石黄、黄金石、鸡冠石，条痕呈浅橘红色。雄黄质软（硬度为 1.5~2，），性脆,相对密度为 3.5~3.6。

　　雄黄主要产于低温热液矿床中,常与雌黄(As_2S_3)、辉锑矿、辰砂等硫化物共生;也可产于温泉沉积物和硫质火山喷气孔内沉积物中,这时常与雌黄共生。雄黄不溶于水和盐酸,但可溶于硝酸,溶液呈黄色。将雄黄置于阳光下曝晒,它会变为黄色的雌黄和砷华,所以其应避光保存以免受风化。另外,将雄黄加热到一定温度后,在空气中其可以被氧化为剧毒成分三氧化二砷,即砒霜。

9. 辰砂

　　辰砂(HgS)又称朱砂、丹砂、赤丹、汞砂,是硫与汞形成的矿物。单晶体的辰砂常呈菱面体或短柱形,但较为少见,常见的是粒状、块状或皮膜状集合体。其硬度小(摩氏硬度为2~2.5),相对密度大(相对密度为 8.09~8.2)。纯净的辰砂呈金刚光泽,颜色为朱红色;含杂质时光泽暗淡,颜色为褐红色。辰砂是典型的低温热液矿物,天然辰砂只产于低温热液矿床中,常充填或交代石灰岩、砂岩等。

(五)卤化物类矿物晶体

图库网址:https://zbxy.csiic.com/info/1204/3191.htm

1. 萤石

　　萤石在成分上属于氟化钙(CaF_2),又称氟石。萤石单晶体以立方体与八面体居多,可形成块状、粒状集合体。萤石本身无色透明,但由于存在"孔洞",很容易被其他离子填充,所以常显示出各种鲜艳的颜色,最常见的颜色为绿色、蓝色和紫色,反而无色透明的纯净萤石极其稀少。萤石大多透明度较好,具有玻璃光泽,硬度为4,相对密度为3.18。由于较好的颜色与晶形,萤石在矿晶市场上一直颇受欢迎。萤石主要形成于热液环境中,浙江为我国萤石的主要产地。

萤石的名称来自它本身的特征——发光性。它在紫外线或阴极射线照射下会发出荧光。当萤石含有一些稀土元素时,它就会发出磷光,即在离开紫外线或阴极射线照射后,萤石依旧能持续发光较长一段时间。故传说中的夜明珠可能就是由萤石制成的。

2. 石盐

石盐为天然形成的 NaCl 晶体,单晶体呈立方体,立方体晶面上常有阶梯状凹陷,集合体常呈粒状或块状。纯净的石盐无色透明,具有玻璃光泽,但常因含杂质而呈浅灰、黄、红、黑等颜色。石盐的硬度和相对密度都比较小,摩氏硬度为 2~2.5,相对密度为 2.1~2.2。它易溶于水,味咸。石盐熔点为 804 ℃,焰色反应呈黄色,可区别于其他氯化物矿物。在干旱地区的盐湖中,石盐可呈白色、半透明的珍珠状集合体,因其形态被称为珍珠盐。

3. 氯铜矿

氯铜矿($CuCl_2$)是一种稀有矿物。氯铜矿的单晶体呈柱状、板状，集合体呈纤维状、放射状、粒状、块状等。其颜色为深绿色，具有玻璃光泽到金刚光泽，透明到半透明，硬度为3~3.5，相对密度为3.76。氯铜矿常作为次生矿物与孔雀石、蓝铜矿和石英伴生于铜矿床的氧化带中，也形成于火山口周围。氯铜矿的绿色给人以生机勃勃的感觉，形态上呈纤维状、放射状晶体，颜色与晶体形态的双重效果使得其极具观赏性。

（六）自然元素矿物晶体

图库网址：https://zbxy.csiic.com/info/1204/3194.htm

1. 自然金

自然金是自然条件下产生的金元素（Au）矿物，主要成分为Au，还含有Ag、Cu、Fe、Pt、Pd、Ir、Bi等元素。单晶体常呈八面体、立方体、四六面体和十二面体，其形态与形成环境密切相关，一般形成于深部环境的呈八面体，中深部形成者呈菱形十二面体，浅部形成的可见四角三八面体、三角三八面体或树枝状等更复杂的形态。集合体的自然金有不规则显微粒状、树枝状、鳞片状、纤维状；外生成因的砂金可富集形成团块状集合体，俗称"狗头金"。颜色的变化与金的纯度有关：高成色的金呈深黄至黄色；纯度低的金，其颜色会随着杂质含量的变化而变化，含银量高时具有银白色色调，含铜量高时呈铜红色色调。

自然金主要形成于热液环境，且以中低温热液成因为主。

2. 自然铜

自然铜是铜元素(Cu)在自然界天然形成的各种片状、板状、块状集合体。单晶体可呈立方体、八面体、菱形十二面体和四六面体等形态,但自然产出的自形晶较为少见,在立方体或五角十二面体晶面上常可见晶面条纹。新鲜的未被氧化的自然铜为铜红色,具较强的金属光泽。但因为氧化的原因,通常自然铜呈棕黑色或绿色。自然铜形成于还原环境中,是地质作用中还原条件下的产物,形成于原生热液矿床中;也见于含铜硫化物矿床氧化带下部,常与赤铁矿、孔雀石、辉铜矿等伴生,由铜的硫化物还原而成。

3. 自然银

自然银是银元素(Ag)在自然条件下形成的矿物,常含 Au、Hg 等元素,此外还含有 Bi、Pt、Cu、As、Sb 等。单晶体可见立方体、八面体、菱形十二面体、四角三八面体,但通常以不规则的粒状、块状或树枝状集合体的形态产出。新鲜的自然银呈银白色,但常因氧化而表面呈灰黑的锖色。自然银一般产于中低温热液矿床和硫化物矿床的次生富集带中,也可产于火山沉积、受变质矿床中。

4. 自然硫

自然硫的化学成分为硫(S)，常含有少量硒(Se)、碲(Te)、砷(As)等元素。自然硫单晶体常呈菱方双锥状或厚板状，但较为少见；集合体通常以块状、粒状、土状、球状、粉末状、钟乳状等形态产出。自然硫为淡黄色、棕黄色，有杂质时颜色带红、绿、灰和黑色等，条痕为淡黄色，晶面具金刚光泽，断面呈油脂光泽。其硬度小(摩氏硬度为 1~2)，相对密度为2.05~2.08，具有明显的脆性。成因上自然硫多与生物化学沉积作用和火山喷气作用过程相关，可由火山喷发直接冷凝形成。

5. 金刚石

金刚石俗称"金刚钻"，也就是我们常说的钻石的原石，它是一种由碳元素组成的矿物。金刚石晶体多呈八面体，也可呈立方体，在金刚石表面有时可见三角形的蚀象。其颜色取决于纯净程度、所含杂质元素的种类和含量,极纯净者无色,一般的呈不同程度的黄、褐、灰、绿、蓝、乳白和紫色等。纯净者透明,含杂质者半透明或不透明。金刚石反射率较高,具有金刚光泽,少数呈油脂或金属光泽,具有高折射率(一般为 2.40~2.48)。在阴极射线、X 射线和紫外线照射下,其会发出绿色、天蓝色、紫色、黄绿色等不同颜色的荧光,在日光下曝晒后移至暗室内则发淡青蓝色磷光。

(七)硅酸盐类矿物晶体

图库网址:https://zbxy.csiic.com/info/1204/3243.htm

1. 橄榄石

橄榄石化学式为 R_2SiO_4(其中 R 主要为 Mg^{2+}、Fe^{2+}),是一种镁与铁的硅酸盐矿物,晶体为短柱状,但少见,多呈粒状集合体。橄榄石的颜色以黄绿色为主,但随含铁量增大,可由浅黄绿色过渡至深绿色,具有玻璃光泽,透明至半透明。其颜色多为橄榄绿色。橄榄石的硬度为 6.5~7,相对密度为 3.32~3.37。

优质橄榄石呈透明的橄榄绿色或黄绿色,清澈秀丽的色泽给人以赏心悦目的感觉。美好的东西总是有着很好的寓意,橄榄石也不例外,它象征着和平、幸福、安详等。古时候人们称橄榄石为"太阳的宝石",人们相信橄榄石所具有的力量像太阳一样大,可以驱除邪恶,降伏妖术。在耶路撒冷的一些神庙里至今还有几千年前镶嵌的橄榄石。此外,由于艳丽悦目的颜色使人心情舒畅,给人以幸福的感觉,故橄榄石被誉为"幸福之石"。目前许多国家把橄榄石和缠丝玛瑙一起列为"8月诞生石",象征温和聪敏、家庭美满、夫妻和睦。

2. 红柱石

红柱石的化学式为 $Al_2(SiO_4)O$,是一种硅酸盐矿物。其单晶体一般呈柱状,断面差不多是正方形。红柱石的晶体聚在一起成为放射状或粒状集合体。放射状的红柱石在形态上如盛开的菊花一样,被人们形象地称作"菊花石"。红柱石的颜色可呈粉红色、红色、紫色、绿色、红褐色、灰白色、灰黄色及浅绿色,整体不是特别鲜艳,具有玻璃光泽。质量好且透明的红柱石晶体可被当作宝石。当红柱石在生长过程中俘获部分碳质和黏土矿物后,这些俘获物质在晶体内定向排列,在横断面上呈十字形,这种红柱石被称为空晶石。红柱石的硬度为 6.5~7.5,相对密度为 3.13~3.16,不同方向的解理不同。红柱石常见于泥质岩和侵入体的接触带中,是典型的接触热变质矿物。

3. 蓝晶石

蓝晶石的晶体化学式为 $Al_2(SiO_4)O$，与红柱石、夕线石成同质多象。单晶体呈扁平的板条状，集合体呈放射状。颜色为蓝色、带蓝的白色、青色，具完全和中等的两组解理。蓝晶石的硬度因方向而不同，在平行于晶体延长的方向上约为 4，在垂直于晶体延长的方向上为 6~7，故又名二硬石。蓝晶石是区域变质作用的产物，在结晶片岩和片麻岩中出现。色丽透明的晶体可做宝石，以深蓝色的为佳。

4. 石榴石

石榴石是硅酸盐矿物的一类，包括镁铝榴石、铁铝榴石、锰铝榴石、钙铝榴石、钙铁榴石、钙铬榴石，前三者称为铝系石榴石，后三种称为钙系石榴石。不管具体是哪一种石榴石，常见的结晶形态是相同的，一般为菱形十二面体、四角三八面体、六八面体及三者的聚形，晶面可见生长纹，形态像石榴籽一样，故得名石榴石。石榴石的颜色受成分影响，呈现多种颜色，其中有包括红、粉、紫、橙红在内的红色系列；包括黄、橘黄、密黄、褐黄在内的黄色系列；包括翠绿、橄榄绿、黄绿在内的绿色系列。石榴石一般为半透明到透明，呈玻璃光泽，硬度在 6.5~7.5 之间，相对密度为 3.6~4.2，无解理。

作为一个矿物族的总称，其英文名称为 Garnet，源自拉丁语 Granatum。数千年来，石榴石被赋予信仰、坚贞和纯朴的寓意。作为宝石的一种，人们在欣赏它的美的同时，更欣赏它的文化与寓意——石榴石可以使人逢凶化吉、遇难呈祥，可以永保荣誉地位，并具有重要的纪念功能。现今，石榴石作为 1 月诞生石，象征着忠实、友爱和贞洁。

5. 符山石

符山石的化学成分为 $Ca_{10}Mg_2Al_4[SiO_4]_5[Si_2O_7]_2(OH,F)_4$。它是一种化学成分较为复杂的硅酸盐矿物，最早被发现于意大利的维苏威（Vesuvius）火山。符山石单晶体呈四方柱和四方双锥聚形，集合体常呈粒状、棒状、放射状或致密块状。符山石晶体本身常呈黄、灰、橄榄绿和褐色，有其他离子加入时颜色会发生变化，如加入铬时呈绿色，含钛和锰时呈红褐或粉红色，含铜时呈绿蓝色。符山石晶体一般具有玻璃光泽，多为半透明；摩氏硬度为6~7，相对密度为3.40，解理不完全；断口呈贝壳状到参差状。

符山石通常与石榴石、透辉石、硅灰岩等矿物共生于矽卡岩中，主要产地为意大利、肯尼亚、美国、加拿大、阿富汗等。美国加利福尼亚州所产绿色、黄绿色致密块状的符山石质地细腻，称为加州玉。另外，在我国河北省涉县符山发现过符山石巨晶。

6. 十字石

十字石的化学成分为 $Fe_2Al_9[SiO_4]_4O_7(OH)_2$。十字石单晶体通常粗大，呈短柱状，有时也呈粒状，十字形贯穿双晶较为常见，并因此而得名。十字石一般为暗褐色、棕红色、红褐色、淡黄褐色或黑色，具有玻璃光泽，不纯净时暗淡无光或呈土状光泽，半透明到不透明；解理中等,断口呈参差状到贝壳状;摩氏硬度为 7.5,相对密度为 3.74~3.83。十字石的十字状双晶是它的特征。

7. 黄玉

黄玉的化学成分为 $Al_2[SiO_4](F,OH)_2$,是一种氟铝硅酸盐矿物。黄玉单晶体一般呈柱状,柱面常发育纵纹,集合体呈不规则的粒状或块状。其颜色丰富,一般为黄、蓝、绿、红、褐等浅色,具有玻璃光泽,有的无色透明。宝石中的托帕石即为透明色美的黄玉。黄玉摩氏硬度为 8,相对密度为 3.53 左右,在垂直柱子延伸方向上发育有一组完全解理。它是由火成岩在结晶过程中排出的蒸气形成的,一般产于流纹岩和花岗岩的孔洞中,也可形成于伟晶岩中。

欧洲人认为金黄色的黄玉能把美貌和智慧带给佩戴它的人,所以父母总给子女送上黄玉饰品,表达自己的希望。在西方人看来,黄玉可以作为护身符佩戴,能辟邪驱魔,使人消除悲哀,增强信心。黄玉是一种色彩迷人、漂亮又便宜的中档宝石,深受人们喜爱。国际上许多国家将黄玉定为"11 月诞生石",代表着友情。

8. 绿柱石

绿柱石的化学成分为 $Be_3Al_2[Si_6O_{18}]$，为一种铍铝硅酸盐矿物。绿柱石单晶体呈六方柱形，柱面有纵纹，晶体可能非常小，也可能长达几米。绿柱石硬度为 7.5~8，相对密度为 2.63~2.80。纯净的绿柱石是无色的，甚至是透明的。但大部分方柱石为绿色，也有浅蓝色、黄色、白色和玫瑰色的，有玻璃光泽，透明至半透明。

色泽美丽且透明无瑕者为高档宝石原料，深蓝色者称为海蓝宝石，碧绿苍翠者称为祖母绿。绿柱石家族以祖母绿最为著名，海蓝宝石次之，二者属绿柱石家族中的佼佼者。金绿柱石和铯绿柱石也颇具吸引力。

祖母绿为古波斯语"Zumurud"的音译词，原意为"绿色之石"。优质的祖母绿，绿色纯正、匀净、透明，宝石级的一般为 0.2~0.3 ct（1 ct=200 mg），大于 0.5 ct 者为优质品，2 ct 以上的极为稀少。色正、优质、透明的大晶体极为罕见。1956 年发现于南非的一颗优质祖母绿晶体，质量达 24 000 ct，为世界上最大的祖母绿晶体，其次是哥伦比亚穆佐矿山发现的一颗重 16 020 ct 的祖母绿晶体，名列第二。

祖母绿为 5 月份生辰石，代表春天大自然的美景和许诺，也是信心、忠诚和永恒的象征。海蓝宝石是天蓝色至海水蓝色的绿柱石，它以酷似海水蓝而得名，作为 3 月份生辰石，代表着沉着、勇敢、幸福和永葆青春。

绿柱石主要产于花岗伟晶岩中，在云英岩及高温热液脉中也有产出。

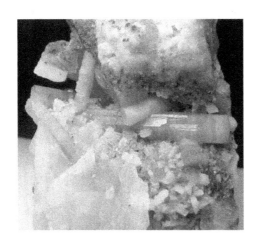

9. 电气石

电气石是一种硼硅酸盐结晶体，结晶形态为柱状、三方柱、六方柱、三方单锥，集合体呈放射状、束状、棒状。碧玺作为电气石家族中达到宝石级别的一个种类，其晶体横截面为等边三角形，三角形的每边又向外凸出呈圆弧状，很容易识别。电气石颜色丰富，富铁的电气石为黑色，富锂、锰和铯者呈玫瑰色或淡蓝色，富镁者多呈褐色、黄色，富铬者呈深绿色。同一晶体内外或不同部位也可呈双色或多色。电气石一般为透明到半透明，硬度为 7~8，相对密度为 3.06 左右。

据记载,电气石发现于 1500 年,一支葡萄牙勘探队在巴西发现了一种宝石,其居然闪耀着七彩霓光,像是彩虹从天上射向地心,沐浴在彩虹下的平凡石子获取了世间的各种色彩。这藏在彩虹落脚处的宝石,被后人称为"碧玺",亦被誉为"落入人间的彩虹"。

在我国古代,碧玺是一品和二品官员顶戴花翎的材料之一,也用来制作他们佩戴的朝珠。同时,碧玺也是慈禧太后的最爱,因此在慈禧太后时代,碧玺在中国受到了前所未有的重视。独揽朝政的慈禧太后除了对翡翠情有独钟外,还对颜色丰富多彩、变幻万千的碧玺宠爱有加,是位十足的碧玺迷。因为"碧玺"与"避邪"谐音,常被人们看作纳福驱邪的主要宝石。

10. 蛇纹石

蛇纹石是一种含水的富镁硅酸盐矿物,包括叶蛇纹石、利蛇纹石、纤蛇纹石。它们的颜色一般为绿色调,也有浅灰色、白色或黄色等。因为它们往往青绿相间,像蛇皮一样,故而得名。蛇纹石的摩氏硬度在 2.5 和 4 之间。蛇纹石的单晶体极罕见,纤蛇纹石多呈纤维状集合体,利蛇纹石和叶蛇纹石为细粒或致密状集合体。蛇纹石矿物含量在 85% 以上,色泽鲜艳、致密光润的微细纤维状蛇纹石矿物集合体称为蛇纹石玉、岫玉,是以纤蛇纹石和叶蛇纹石为主组成的致密块体,镜下为纤维鳞片状变晶结构,少数为束状、鳞片状或细粒状变晶结构。

11. 葡萄石

葡萄石单晶体呈柱状或板状,但非常少见,集合体常呈板状、片状、葡萄状、肾状、放射状或块状。葡萄石的颜色从浅绿到灰色,还有白、黄、红等色调,但常见的为绿色,黄色的葡萄石极为稀有和珍贵。葡萄石从透明到半透明都有。质量好的葡萄石可做宝石,这种宝石被人们称为好望角祖母绿。

12. 蔷薇辉石

蔷薇辉石属硅酸盐类辉石族,成结晶体者少见,一般为致密至细粒块状,具玻璃光泽,半透明至透明,颜色为玫瑰红、粉红或棕色,当中常带有黑色氧化锰斑纹,相对密度为3.4~3.7,硬度为5.5~6.5。特有的玫瑰红色、明显的解理、较高的硬度是蔷薇辉石的主要鉴定特征。风化以后,留有黑色的氧化猛,也是其鉴定特征之一。蔷薇辉石与菱锰矿的区别是硬度高,遇酸不起泡。因其颜色浓艳,质坚固致密,可用于装饰及雕刻,表面经研磨后显出抽象图景,甚具观赏价值。透明度好的可做胸坠、耳坠和手镯等首饰。一般料石用作雕件,如人物、花鸟、山形和犬兽等。这些雕刻工艺品深受中外艺术家青睐,畅销国内外。同时,也是收藏家们选取的珍品之一。

13. 长石

长石是一种含有钙、钠、钾的铝硅酸盐矿物。它有很多种,如钠长石、钙长石、钡长石、钡冰长石、微斜长石、正长石、透长石等。它们都具有玻璃光泽,颜色多种多样,有无色、白色、黄色、粉红色、绿色、灰色、黑色等,有些透明,有些半透明。长石本身应该是无色透明的,之所以有色或不完全透明,是因为含有其他杂质。它们有些成块状,有些成板状,有些成柱状或针状等,形状美丽者可作为观赏矿物。

月光石为长石中钾长石亚族,正长石与钠长石层状交互共生,以正长石为主。因为具有

"月光效应"——宝石中心出现恍若月光的幽蓝或亮白的晕彩,而被叫作月光石,亦称"恋人之石"。几个世纪以来,月光石一直是人们喜爱的宝石之一,人们相信它能唤醒心上人温柔的热情,带来美好如月光般的浪漫爱情。它和珍珠、变石一道同是 6 月诞生者的幸运石,象征富贵和长寿。

14.沸石

1756 年,瑞典的矿物学家克朗斯提发现有一类天然硅铝酸盐矿石在灼烧时会产生沸腾现象,因此将这类矿石命名为"沸石"。沸石的形态随种类不同而不同,如方沸石、菱沸石常呈等轴状晶形,片沸石、辉沸石呈板状,毛沸石、丝光沸石呈针状或纤维状。钙十字沸石和辉沸石的双晶常见。辉沸石的集合体呈禾束状。纯净的各种沸石均为无色或白色,但因混入杂质而呈各种浅色,有的沸石具有发光性。

15.异极矿

异极矿是一种硅锌酸盐矿物,其化学成分为 $Zn_4[Si_2O_7](OH)_2 \cdot H_2O$。异极矿的结晶外形没有对称中心,两端具有不同的形态。异极矿晶体的一侧较为平钝,另一侧则是锥体,晶体呈两端不对称的板状或柱状,故称异极矿,常集结成辐射状或葡萄状。异极矿常见蓝色,透明到半透明,具玻璃光泽,硬度为 4.5~5,相对密度为 3.4~3.5。异极矿造型奇特,色彩淡雅,具观赏性,是珍贵稀有的玉石品种之一。

第三章　岩石类观赏石与文化

岩石类观赏石于国人而言更为常见,品种多样,文化内涵丰富。

一、岩石类观赏石的分类

(一)岩浆岩

1. 汝石

图库网址:https://zbxy.csiic.com/info/1204/3159.htm

汝石又称梅花玉,既是一种玉石,又是一种观赏石。经地矿部门探明,其产地主要集中在汝州市临汝镇邓禹、黑龙沟等处,其贮存层位在熊耳群火山岩系的杏仁状安山岩中。中酸性岩浆经过火山作用喷出地表,形成较多的气孔,气孔内被次生矿物石英、绿泥石、方解石、长石、绿帘石等充填,有时为单一矿物,有时为多种次生矿物混合或环带状分布,组成杏仁体。从颜色上看,大多数安山岩以暗色底色调为主,以黑色、黑绿色及紫红色最为常见。从杏仁形态特征看,以圆状、椭圆状为主,少量为拉长状、云朵状或不规则形态,且杏仁体在岩石中分布不均匀。从表面特征及纹路上看,安山岩表面劈理充分发育,后被次生的硅酸盐、碳酸盐脉体所充填,纵横交错,有的绕过杏仁体,有的穿过杏仁体,有的与杏仁体连接,从而形成各种图案效果。有的呈现"梅花状",即棕色树枝状细脉与五颜六色的杏仁体组合形成蜡梅状,故称梅花玉。当"花朵"成群分布时,恰似一株花树,花体自然大方,斑驳自然,犹如深沉、含蓄、低调的艺术作品,是一种极富观赏性又极富装饰性的建筑材料。

2. 梨皮石

图库网址:https://zbxy.csiic.com/info/1204/3160.htm

成因上,梨皮石主要为超基性 - 基性岩浆经侵入或喷出作用形成的玄武岩和橄榄岩。外表特征上,经过沉积作用,其表皮如梨皮,故而得名。颜色上,梨皮石基底色为黑、褐、粉、墨、绿、深黄等多色,故石面给人以细雨涤面之感。总体特征上,各地梨皮石的外表、颜色和孔洞特征各有不同,尤其是孔洞特征,有粗、细、纹、气泡等多种造型的孔洞,且造型线条圆润,婉约简洁。文化内涵上,梨皮石造型不具象形而趋抽象。有些地区产出的梨皮石表皮具有密密的坑洞,洞形态大同小异,分布均匀,具有岁月的沧桑美感。

3. 彩玉石

图库网址:https://zbxy.csiic.com/info/1204/3163.htm

彩玉石主要产于广西大化瑶族自治县红水河岩滩及河床水底,成因上属火成岩,因地壳的抬升,火成岩渐渐出露于地表河谷,长期经水流冲刷、碰撞、研磨、溶蚀、搬运而形成了不具棱角、浑圆的奇形怪状,岩石大多已经硅化,因此质地坚硬。外表及颜色上,彩玉石石皮光滑,具彩釉感,颜色为棕黄、褐黄、青绿、乳白、象牙黄,甚至黑色。纹路上,彩玉石常具层带状,故又被称为"红河凸纹石"。由于彩玉石石质所含的成分复杂,经过外动力地质作用,去软留硬,造就了石纹有浅凸深雕的层台状浮雕效果。文化内涵上,彩玉石经历沧海桑田的变化,古色古香,极具观赏价值。

(二)沉积岩

1. 风棱石

图库网址:https://zbxy.csiic.com/info/1204/3162.htm

风棱石主要产于新疆、内蒙古、宁夏、甘肃等广大地区,在其他干旱地区也有分布,这与其成因具有密不可分的关系。从成因上讲,风棱石原岩多为火山成因,如白垩纪时代,我国西北部地区火山作用频繁,宁静的夏威夷型基性岩浆喷发溢流,形成分布极为广泛的多层构造特征,在地表形成玄武岩等发育气孔、杏仁构造,其中充填玛瑙、碧玉、石英、水晶晶簇之类的硅质成分,经过地表风化作用,抗风化能力强的浅色矿物得以保留,而暗色矿物被剥蚀,后经历反复的狂风吹打、粗砂研磨、细砂抛光,最后成为天然艺术珍品,这就是风棱石的形成过程。风棱石颜色丰富,红、橙、黄、绿、青、褐、黑等颜色均有出现,这是由于矿物成分种类多样。其形态特征表现为多样化且多变,这是由于形成过程经历了岩浆、风化、剥蚀等多种地质作用,呈现复杂的形成环境及条件特征。由于抗风化弱的矿物几乎未残留,故风棱石硬度较高。其总体特点为造型精美奇特,表面光洁润泽,质地坚硬如玉,敲击乐声贯耳,结构耐久易存,充分反映了风沙精雕细琢的过程以及大自然的鬼斧神工。市场上流通的风棱石大多为硅质成分,成因为原二氧化硅将原始的其他矿物晶体包裹,而内部被包裹矿物由于抗风化能力弱被风化、剥蚀而消失,形成保持原始矿物形态特征的孔洞,且边缘轮廓清晰完整。

2. 灵璧石

图库网址:https://zbxy.csiic.com/info/1204/3165.htm

"泗滨浮磬"(今俗称"灵璧磬石")和"灵璧石"是两种不同的观赏石类型,为灵璧县石文化体系中两个不同支系。"灵璧磬石"专指灵璧县磬云山南麓古磬矿所产的片状灵璧石,它是厚度达到 50 cm、可以发出悦耳声音的一种石头,即稀有的磬石。灵璧石因盛产于安徽省灵璧县磬云山而得名,形成于 8 亿多年前。成因上,灵璧石原产于温暖气候带的海水中,经过海相沉积作用而形成,岩石类型为隐晶结构的泥晶灰岩,几乎全部由微粒泥晶方解石组成,微粒方解石颗粒大小均匀,其他成分的体积常在 5% 以下,包括黏土矿物、粉砂级石英碎屑、铁质微粒、海绿石、有机质等。

灵璧石的常见颜色为黑色、灰色、黄色、白色,因含金属矿物或有机质而色漆黑或带有花纹,其中以黑灵璧最为常见,特征为黝黑如漆,其他依次为灰灵璧、黄灵璧和白灵璧。另外,灵璧石还有棕黄、灰白、青紫、绛红、黛黑等数十种其他色彩。其形态万千,瘦、皱、漏、透,清顽丑怪,而且其形体线条柔和,石表清润秀奇,坳坎变化嶙峋。纹路上,其犹如中国绘画技法中的皱法,有斧劈皴、披麻皴、缠头皴等二十余种。

灵璧石又名磬云石,顾名思义,与其敲击声有关。当敲击石身时,声清脆远扬,且音韵种类较多,清音达数十种,清越音、铜磬音、梆子音、金石音、木鱼音甚至闷雷音均有出现,历来被视为名贵的供石清玩。其还名气象石,传说灵璧石有收香集烟之效,故而命名。

灵璧石总体特征为形体秀美,色泽丰富,纹理细腻,声音清脆,集"形、色、纹、音"于一体,清光绪皇帝赐封该石种为"天下第一名石",明代文震亨尊其为"赏石品类之首",赏石家这些评价确实名不虚传。

3. 雨花石

图库网址:https://zbxy.csiic.com/info/1204/3167.htm

雨花石因来源于南京雨花台砾岩层而得名。成因上,砾岩层形成于地质时代300万年到1 200万年前,由原岩经过流水搬运、冲刷、沉积而成,现主要分布于古秦淮河、古滁河与古长江交汇的地方,因此分布范围极为广泛,地理范围达1 200 km²,且储量丰富,前人初步估计有1万亿枚以上。由于雨花石原岩成分可以为各类岩浆岩、沉积岩、变质岩,因此成分复杂,种类也繁多,有玛瑙、蛋白石、石英、玉髓、水晶及其他雨花石品种。根据其成分,行业中分别将其命名为雨花玛瑙、雨花石英、雨花玉髓等,其中雨花玛瑙成因属原生玛瑙,由火山岩浆的残余热液充填在玄武岩、安山岩、流纹岩的孔隙和孔洞中,从洞壁外向内逐层渗透、凝聚而成,形成层状花纹。从化学成分上看,雨花石的主要成分是二氧化硅,此外还含有部分氧化铁,微量铜、铝、锰、镁等元素,其中部分元素具有致色作用,如锰致紫,铜致蓝,铁致红,硫致黄。其整体特征表现为形体玲珑奇巧、拙中藏黛,质地润泽晶莹,纹理节韵均衡、行云流水,颜色白如霏雪,紫若蒸霞,具有形神兼备、造物天成的意境美,被藏石家誉为"天赐国宝、石中皇后"。

4. 菊花石

图库网址:https://zbxy.csiic.com/info/1204/3168.htm

菊花石有广义与狭义之分,广义的菊花石指岩石中有似菊花花瓣状特征者,而狭义的菊花石是指湖南浏阳产出的菊花石。从成因上看,部分菊花石为距今2亿年前二叠纪形成的泥灰岩,或经历轻微浅变质作用形成灰质板岩或钙质板岩,其中具有白色或浅灰白色的放射状天青石或方解石矿物组成的"花瓣",其中"花蕊"常由燧石结合体组成。著名产地湖南浏阳产的菊花石属上古生代二叠纪栖霞组泥灰岩,石质细腻,底色为灰白色,"花瓣"呈白色,整体为菊花状。实际上,除菊花状外,部分似绣球花、蝴蝶花、蟹爪花和凤爪花状等多种花型特征的也可以归为菊花石。从文化上看,菊花是很多城市的"市花",这与其开放在秋季这个收获季节些许相关。菊花石绚丽多彩的各种花型也被我国藏石界视为富有天趣的赏石佳品。

5. 三峡石

图库网址:https://zbxy.csiic.com/info/1204/3166.htm

三峡石指产于长江三峡地区的各种观赏石。从成因上看,其原岩多为长江上游冲积到此的古老的前震旦系变质岩、沉积岩及前寒武纪的花岗岩。经历河水的冲刷、搬运作用,其多具有较高的磨圆度。它们色彩奇特,裂纹奇特,花纹奇特,造型奇特,化学成分复杂,包括方解石、白云石、橄榄石、蛇纹石、玛瑙、硫黄、磷矿石、锰矿石、重晶石、银钒矿石、长石、石英乃至古生物化石等,这些复杂矿物成分赋予其多姿多彩的特征。

6. 太湖石

图库网址:https://zbxy.csiic.com/info/1204/3172.htm

太湖石又名窟窿石、假山石,是中国古代著名的四大玩石、奇石(四大奇石为英石、太湖石、灵璧石、昆石)之一,主要产地为江南地区,其中较为著名的"江南四大名石"就出自太湖石,分别是苏州留园的冠云峰、杭州西湖的皱云峰、苏州第十中学的瑞云峰、上海豫园的玉玲珑。太湖石在概念上也有广义和狭义之分。广义上无明确的产地划分,经风化作用,尤其是岩溶作用形成的千姿百态、晶莹剔透、富含空穴的碳酸盐岩均为太湖石,国内除太湖地区外,广东英德、山东临朐和北京等地都有所产出。狭义的太湖石专指分布于太湖一带、由古生代的碳酸盐岩经风化所生成的一种岩石。所以从地质成因上看,太湖石均为碳酸盐岩,矿物成分较为单一,所含杂质成分少。太湖石分水石和干石两种,水石是在河湖中经水波荡涤,历久侵蚀而缓慢形成的;干石则是灰石在酸性红壤的历久侵蚀下而形成的。太湖石色泽以白石为多,少有青黑石、黄石,黄石为稀少品种,目前行业内认可的以苏州西山风景区或宜兴地区所产的为佳品。其总体特征表现为"瘦、漏、皱、透",符合传统、经典的审美标准。随着行业标准的完善,太湖石的审美标准有了延伸,即增加了"清、顽、丑、拙"。现代英国大雕塑家亨利·摩尔的大量抽象雕塑作品,最初的灵感就来源于太湖石造型。不同于其他秀美的观赏石,太湖石自古以来就被视为桂冠上的"奇葩",且多用于江南园林,被誉为园林观赏石之冠,特别适合布置于公园、草坪、校园、庭院、旅游区中等。

7. 黄河石

图库网址:https://zbxy.csiic.com/info/1204/3173.htm

黄河石,顾名思义,多指黄河流域的奇石。黄河发源于青藏高原巴颜喀拉山北麓,海拔4 500 m的约古宗列盆地,流经青海、四川、甘肃、宁夏、内蒙古、陕西、山西、河南、山东等9个省、自治区,由山东进入渤海。黄河穿过崇山峻岭,沿途岩石坠入河道中,经河水的剥蚀、搬运、冲击,形成了许多色彩艳丽、风韵动人的黄河石。因黄河流经的区域多,岩石种类丰富,矿物成分、矿物特点及生成的自然条件各异,所以在各个河段地区,均有名贵的黄河石产出,较为著名的有兰州黄河石、青海黄河石、内蒙黄河石、宁夏黄河石和洛阳黄河石。各地黄河石形成了不同类型、丰富多趣的黄河赏石。其总体特征表现为类多、色多、形多。目前已发现的有收藏价值和经济价值的黄河石分为图案石、形状石、色彩石、生物化石四大类,其中尤以洛阳黄河石流传最为广泛。黄河石是中华民族的摇篮——黄河母亲赐予的,具有深远的意义,其夺目的光彩、绚丽的图案、古朴的色调是观赏石文化大家庭中一簇灿烂的品类。

8. 丹麻石

图库网址:https://zbxy.csiic.com/info/1204/3174.htm

丹麻石又称昆仑彩石,主要产于青海省。成因上,其产于第四纪滑坡体,由于滑坡地质灾害,表皮岩石碎裂岩化,呈脉状或似脉状。矿物成分上,其以方解石、褐铁矿为主,以菱铁矿、白云石及黏土质等为辅。颜色上,受岩石中铁质的影响,随着铁染程度从轻到重,其基底色也逐渐变深,从浅黄、棕黄到褐色。花纹上,其有条带状、条纹状、花斑状、波纹状及不规则弯曲条带状,花纹绚丽多彩。其总体特征表现为石质细腻,花纹绚丽,块度大,光泽好,易加工,除作为观赏石外,还可以制作成实用工艺品。

9. 红河石

图库网址:https://zbxy.csiic.com/info/1204/3175.htm

红河石主要产于广西红水河下游,位于广西合山市合里乡马鞍村。红河石是一种典型的鹅卵石,成因上,为原岩经过河水剥蚀、搬运、冲刷形成。原岩类型以粉砂岩为主,新鲜面多为偏青灰、浅灰褐至浅紫色,风化后受到铁或锰的影响,当含铁量较高时,自身析出的铁离子染色、沉淀,乃至胶结或沿节理、裂隙充填、扩散,常形成同心环状氧化铁沉淀,顺层分布或规模较大时,被误认为是层理;当含锰量较高时则呈黑色。纹路上,由于裂隙发育和氧化矿物的扩散、渗透、交错,其可形成各种复杂的纹路图案。红河石中最有名的品种为凸纹灵龟石,其表面纹理交错、凹凸不平似“龟纹”,造型酷似“灵龟”。部分品种表皮被河水冲刷,变得光滑柔和,当地人称之为“彩陶石”。

10. 彩陶石

图库网址:https://zbxy.csiic.com/info/1204/3176.htm

彩陶石主要产地为广西合山市红水河十五滩、鹅滩河段。该地区的彩陶石成因上属沉积岩或火山碎屑岩,伴有硅化现象,成分以硅质粉砂岩或硅质凝灰岩为主,因此岩石质地坚硬。彩陶石表面有一层彩色光滑的釉面,呈翠绿、黄绿、肉红、褐、墨等颜色,其中绿色玉石、鸳鸯色石深藏于河床底部,为彩陶石之最,在行业中尤为名贵。彩陶石形成于河底,经湍急流水的长年冲击、淘洗、抛光,经大自然的鬼斧神工,其形、色、质、纹均达到优质品位,伴随雅致沉静的色调、纯净无瑕的石肌,赢得中外赏石界的赞赏。

11. 河洛石

图库网址:https://zbxy.csiic.com/info/1204/3177.htm

河洛石又称洛水石,主要指黄河、洛河、伊河中的观赏石,因洛河汇集许多流经山谷的支流,包括洞河、伊河等,故而得名。河洛石成因多与河水的冲刷作用密不可分。其类型多与花纹有关,石种很多,有鸡肝石、梅花石、龟纹石、紫陶石、白玛瑙石、姜石等。长年经流水的搬运、打磨,河洛石形态浑圆,石表温润,纹理多变而色典雅,内涵古朴而不俗,颇受藏石家、赏石家的青睐。

12. 博山文石

图库网址:https://zbxy.csiic.com/info/1204/3178.htm

博山文石又称汶石、莱芜汶石、淄博文石,主要产于鲁中山区。成因上,其属于石灰岩与黏土质板岩相间形成,经过风化而呈地貌特征。由于沉积地区以酸性红壤为主,经过埋藏作用,岩石受到有机酸、无机酸的长期侵蚀作用,其中生成较多的孔洞,脉络多变,沟壑纵横,纹理细腻,并呈现不同的皱皱效果,典型的有披麻皱、折带皱、荷叶皱、劈斧皱和蜂窝皱等。博山文石石质坚硬,叩之声清越远扬,色泽灰黛、褐黄并间有白石英脉筋。其造型多变,有象形石、山形石、玲珑石及盆景石等。由于博山文石为齐鲁名石,行业人多欣赏其气骨锋棱、瘦劲苍奇、神韵古朴、独具特色,将其划归为传统文化寓意赏石类。

13. 钟乳石

图库网址:https://zbxy.csiic.com/info/1204/3179.htm

钟乳石又称石钟乳,成因上,为溶洞中从上部向下“倒生长”的一种碳酸钙沉积物。地下水中多含有碳酸钙,溶洞中地下水沿着裂隙往下渗透,当到达溶洞顶部时,因压力不断减小和水分慢慢蒸发,使二氧化碳逸出,溶解在水中的碳酸钙又重新沉淀下来,附着在溶洞的顶端,随着地下水不断渗漏,溶洞顶部的碳酸钙沉积物越积越厚,自上向下突起下垂,如倒挂的时钟或乳头状,并因此得名。其颜色以白、乳白为主,敲击时既有钟声又具有磬声,叩击一捶,悠扬良久,声色俱佳。其整体特征表现为色洁白、乳白,呈半透明,外表光滑而光泽强,熠熠闪光。

14. 姜石

图库网址:https://zbxy.csiic.com/info/1204/3180.htm

成因上,姜石为黄土地层中的钙质结核,其中主要矿物成分为方解石、铁质等。黄土地层在地表水的长期淋滤作用下,表层的钙质被渗透到地层的水搬运到深层部位,经过长期的物理、化学作用和漫长沉积作用而形成了含有钙质的隐晶质结核体。姜石的颜色多为土黄色,部分为赭色或米色,色最深者为深褐色。质地属于疏松型,不致密,这与其他观赏石差别较大。姜石形态不规则,多枝杈而形似生姜,故而得名。其造型浑圆多变,根据形态可分为人物、动物或植物,如多见仙人掌造型。

15. 英石

英石产于广东省英德市,属于沉积岩中的碳岩,产地岩溶地貌发育,山石较易溶蚀风化,形成嶙峋褶皱之状。又因日照充分、雨水充沛、暴热暴冷,受风化作用,山石易崩落山谷中,经酸性土壤腐蚀后,其呈现嵌空玲珑之态。

英石可分为阳石与阴石两大类:阳石裸露于地面,长期风化,质地坚硬,色泽青苍,形体瘦削,表面多褶皱;阴石深埋地下,风化不足,质地松润,色泽青黛,有的间有白纹。一般来说,阳石适宜制作假山和盆景,而阴石造型雄奇,适合独立成景。

(三)变质岩

1. 云石

图库网址:https://zbxy.csiic.com/info/1204/3181.htm

云石又名大理石,在岩石学中名为"大理岩",古籍记载的开采历史距今已有1 200多年,相对其他观赏石类型开采历史悠久。在我国,大理岩分布范围极为广泛,这与其相对单一的形成环境有关。云石产地中最著名的当属我国云南省点苍山三阳峰地区,因此行业中将"大理石"又称为"点苍石"。从成因上看,大理岩的主要矿物成分为方解石、白云石,原岩为碳酸盐岩,经历变质作用,原岩中的方解石、白云石变质重结晶,粒径变大,结构变得相对致密。地质年代较古老时,点苍山地区及周围曾是一片汪洋大海,海水底部沉积着深达数千米的植物,它们以钙质成分为主,经历海底沉积作用,钙质成分转化为灰岩,经过地壳运动,海水退去,山体隆起,灰岩重结晶,碳酸盐矿物结晶变得均匀而细致,成为大理岩。从颜色和纹路上看,大理岩色泽相对清雅,常见纯白、豆绿、水红和淡青等色彩,相对稳定的沉积、变质环境使其具有雪花、玫瑰、墨玉和晚霞等绚丽的彩色纹路。大理岩观赏石中有一种名为"水墨花石",其底色为白,纹路为黑花,呈现人物、走兽、花草等图案特征的更为名贵。在建筑材料应用中,有些色泽相对鲜明、质地细腻、纹理成景的大理岩,可被切割、打磨、抛光后,制成插屏、挂屏或屏风,供人观赏。从历史文化上看,云石盛行于唐代之后,文人对其多加赞赏,如明代徐霞客考察西南岩溶地区时,在云南初见此石,情不自禁地感叹其"造物之愈出愈奇,从此丹青一家皆为俗笔,而画苑可废矣";林则徐誉其用"欲尽废宋元之画"之惊语。由此可见,云石作为观赏石历史悠久。

2. 昆山石

图库网址:https://zbxy.csiic.com/info/1204/3182.htm

昆山石又名昆石,因产于江苏省昆山市五峰山而得名。成因上,天然昆石原为白云岩层,经历动力变质作用,产在断裂破碎带内,成分为硅化角砾岩。造型上,白云岩发育石英脉体,其中的各种角砾及杂质被风化、剥蚀后,保留下来抗风化能力强的骨架,即由白色的石英脉交错形成"奇形怪状"。颜色上,其以白色为主色,特征为晶莹洁白、玲珑剔透,故昆石又被称为"玲珑石"。其总体特征表现为造型奇异的美姿及白如圭玉、洁如沉璧的色质和致密的结构。文化上,《昆山县志》记载:"山产奇石,玲珑秀巧,质如玉雪,置之案几间,好事者以为玩珍,好昆山石。"元代诗人张雨曾歌咏昆石"昆邱尺璧惊人眼,眼底都无蒿华苍。隐岩连环蜕山骨,重于沉水辟寒香"。昆石历来被藏石家称为"春云出岫,秋水生波",是一种名贵的观赏石。应用上,昆石性喜湿润,佩之以紫檀,插之以菖蒲,翠白相映,赏心悦目,可陈列厅堂,渲染氛围,难怪有"雁山菖蒲昆山石"之美誉。

3. 九龙璧

图库网址:https://zbxy.csiic.com/info/1204/3183.htm

九龙璧又称九龙璧玉石,是玉石品种之一,现多产于福建省漳州九龙江流域北溪中游的华安县,因此又被称为"华安玉"。成因上,九龙璧原岩主要来源于古生代二叠纪后期的火山岩,经历变质作用而成,且经历地壳变动、河水搬运,在河床、河岸多有赋存。成分上,九龙璧主要是钙硅质角岩,矿物成分包括石英、长石、透辉石、透闪石等。硬度上,九龙璧因矿物成分以石英、铁质等为主,故摩氏硬度在 7.5 以上,石质致密,质地坚硬,触感温润。颜色及花纹上,九龙璧色彩丰富,有灰紫、黑黛、锈红、乳白等七色,色彩斑驳。其整体特征表现为观赏石以大体积或大范围内为特征,当地壳抬升,九龙江一带众多的水冲石便露出水面,九龙璧既露于河床,又没于河床,形成形态天然的大自然水风景景观。文化上,九龙璧属皇室珍品,明清时代曾作为贡品进入皇宫。内涵上,九龙璧收百里景观,气势非凡,深受国内外赏石界注目。

4. 彩石

图库网址:https://zbxy.csiic.com/info/1204/3184.htm

彩石有广义、狭义之分,广义彩石指色彩亮丽、质地细软、纹理如画的一类岩石,尤其对色彩要求较高;狭义的彩石,即传统行业认可的彩石,多指印章石和文房石,矿物成分以叶蜡石为主,质软,可用于篆刻。我国著名的四大彩石分别是浙江的青田石、昌化的鸡血石、福建的寿山石和内蒙古的巴林石。彩石有品类、品级之分,彩石的质地用"冻"来评判,如石体的玉莹,色泽的明快,石肌细腻、柔润、滑爽、脂凝等。上品冻地多指田黄、鸡血,中品冻地要求色彩亮丽。行业中评价彩石,以冻地透明、色正光润的田黄,冻地透明的封石青和冻地鸡血石最佳。作为观赏石,人们对彩石的要求较低,要求或五彩斑斓,或形态独特,或文化意境深邃。总体特征上,彩石也包括"色、质、形、纹"四大要素,色泽包括赤、橙、黄、绿、青、蓝、紫、灰、黑等多种,包括固有色、交融色、条件色等自色、他色、假色,质地上有别于其他观赏石,以质软为特征。所以,相对来讲,彩石是一类很有特色的观赏石。

（四）多种岩石组合

图库网址：https://zbxy.csiic.com/info/1204/3185.htm

崂山绿石俗称海底玉，又名崂山绿玉，主要产地为青岛崂山东峰山脚仰口湾。成因上，崂山绿石由上、中、下三组岩石组合而成，上部是海相沉积的硅质岩，中部是一些基性岩浆岩，下部是蛇纹岩化超基性岩。成分上，主要矿物为绿泥石和含镁、铁的硅酸盐，发育脉体，其中有叶蜡石、绢云母、石棉和角闪岩等。造型上，地壳抬升后，在潮汐影响下，仰口海湾露出海面的绿石滩映着海水，满目绿色，绚丽动人。质地上，崂山绿石结晶矿物多为条针状、柱状、放射状，石质细腻润泽，因此具有较高的透明度。颜色上，崂山绿石以绿色为基调，以粉绿、黄绿、翠绿、浅墨绿、浓黑绿为特征，形成绿石世界。其总体具有三大特色：一是绿色色泽绚丽多变；二是结晶造型奇特，层状结晶序列均匀，有纹状结晶、云母结晶，结晶晶面光泽强，颜色浓淡交错，时呈金星闪烁；三是透明程度较高，质地丰润，细密晶莹，如黛似翠，温纯如玉。

二、岩石类观赏石图文赏析

1. 灵璧石

远在 3 000 年以前，灵璧磬石就已经被人们作为制磬的最佳石料，人们对其进行大规模开采和利用。1950 年，出土于河南安阳殷墟的商代"虎纹石磬"就是灵璧磬石。如灵璧石图所示，此"虎纹石磬"横长 84 cm，纵高 42 cm，厚 2.5 cm，因上面刻有虎纹装饰图案而得名。由于"虎纹石磬"出土于一座殷王陵大墓中，考古专家认为，它应是殷王室使用的典礼重器，经确认其岩石类型与灵璧磬石一致。目前，"虎纹石磬"被中国历史博物馆收藏，被列为国宝之一，被记载入我国第一部国宝鉴赏读物——《国宝大观》中。1954 年，国家邮电部将其印制成特种邮票并发行。

2. 太湖石

太湖石，从造型看，其被侵蚀留下的镂空空洞形成奇特的造型。有名的如"玉玲珑"，其整体似书法家笔下的笔墨，行云流水，又似一件大的玉石手把件，底部精致，腰部精巧，轻巧玲珑,向上绽放,婀娜多姿。

3. 英石

英石,又称英德石,产地为广东省英德市,具有悠久的开采、玩赏历史。据宋代《云林石谱》记载,英石被列为宋代皇家贡品,总体特征具有"皱、瘦、漏、透"等特点,造型尤其奇美,极具观赏、收藏价值,被列为中国四大园林名石之一。

4. 昆石

昆石,产地为江苏省昆山市玉峰山,数量十分稀少,现在市场上已很少见,大多数石友只能在资料上欣赏昆石。下图这件石品整体造型似楼兰古道,可见阁楼、庭院相连,沧桑的灰色调赋予其古老的气质。

5. 轩辕石

轩辕石,又名北辰石,最初发现于庙山,因山上有座轩辕庙,故名轩辕石。其产于北京市平谷区东北燕山南麓的丘陵地带。在地质成因上,其形成于8亿年前的元古代震旦纪,当时的气候和地下水位不断变化,岩石表面的红色黏土自然干裂,再遭到地下水的溶蚀作用,周而复始,自然形成众多形态各异的孔洞,龟裂程度因溶蚀差异而异,通体遍布小型龟裂纹,表面呈现凹凸不平的鳄鱼皮状结构。轩辕石质地致密,纯正细腻,由于含铁量高而坚硬;多呈浅灰、微绿、灰赭色调,给人以古色古香之感;外表古朴雄奇,浑厚沉稳,朴素纯净;石体上有形态各异的沟裂、孔洞。其造型变幻多端,有的状如山峦,巍峨雄浑,可见群峰峻拔,重峦叠嶂,突兀险峻;有的形似高原,台高壑深,古堡楼阁,雄浑凝重;还有动物造型,显得灵动、可爱、活泼。轩辕石以"瘦、皱、漏、透"为特征,朴拙成趣,大者可置于园林庭院,小者可置于几案文房。如图所示,其造型似一仰头怒吼的雄狮,器宇轩昂。

6. 摩尔石

摩尔石,取自英国现代雕塑大师亨利·摩尔(1898—1986年)的名字,这在观赏石命名原则上是绝无仅有的一例。被发现之初,人们俗称其为磨刀石,这个命名充分反映了其特征,相比于红水河其他优秀的水冲类观赏石(如彩陶石、大化石、黑珍珠、卷纹石等),摩尔石既无丰富亮丽的色彩,也无玉质柔润感,更无凹凸有致的褶曲纹理,光滑程度欠佳,质地粗糙,没有皮壳。如下图所示,摩尔石造型简单,颜色土黄,相对而言,欣赏者须具有独特视角。

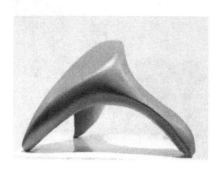

7. 风凌石

风凌石是观赏石中造型最为丰富的一个品种,其造型变化比较大,一般都具备传统赏石的"丑、漏、透、瘦、皱"几个要素,结构上可见细条状、团块状、互层状、不规则纹理状等。由于硬软程度有差别,在强劲风沙的作用下,该石去软留硬,从而形成了各种造型。风凌石可似景、似物、似人,似景者有雄伟壮观的群峰、白雪皑皑的冰峰奇景,常以灰黑色的石质构成山体,以白色覆盖在绵延的山顶或点缀在山坡上,也有的似古堡、石窟、石花等;似物者,可以静态、动态的飞禽走兽,如鹰、海马、龟等无所不有;似人者,如似仕女、士大夫等形象。风凌石的微观结构绝妙,表现在复杂多变、惟妙惟肖及对微细景观的雕凿,每件石品都是大自然的唯一作品,无一雷同。风凌石无论规格大小,均可配底座,无须任何加工即独自成景成型。风凌石作为中国大西北最具特色的石种之一,收藏价值也越来越高,尤其是近年来到中国大西北收购此石的人越来越多,风凌石资源随之减少,它潜在的巨大增值价值也越来越明显。

8. 沙漠漆

戈壁、荒漠区裸露的基岩,地下水上升、蒸发后常在石体表面残留一层红棕色氧化铁和黑色氧化锰薄膜,像涂抹了一层油漆,故名沙漠漆。沙漠漆属于戈壁石的一种,依据石面的画面来分类,可分为山水画、中国画、油画、朦胧画、生物画等。依据岩石底色成分来分类,有板岩、灰岩、花岗岩、火山岩或玛瑙、碧玉、蛋白石等矿物集合体。如下图所示,该石黄色部分似一神兽,褐色漆皮部分为一童子,神兽作匍匐状位于童子脚下,构成一幅和谐的仙境画面。

9. 泥石

泥石成分为泥质岩,由于碎屑为泥级,整体质地细腻坚实。其造型形态各异,似扁条或呈叶状。根据胶结物的成分,泥石大多呈棕红、红褐、赭红、黄褐、咖啡、黑色等,少量黄色底散布青花的,纯色者相对少见;岩石一般高数厘米至数十厘米,观赏石中要求至少一面具有水纹或草状纹理特征,象形者不多见而稀少。其整体特征表现为“细、润、脆”,有薄薄的包浆,手感极好,但外皮质软而不坚硬;个别岩石中含有腔肠类动物化石。

10. 戈壁玛瑙

戈壁玛瑙是戈壁石的一种,也是玛瑙的一种,主要产自我国内蒙古、新疆等地的戈壁地区。戈壁玛瑙大概的形成时间要追溯到 1.5 亿~3 亿年前,成因上是海底火山喷发并迅速冷却的产物,是历经海水侵蚀、地质地貌变化后风霜雨雪、酷暑、严寒磨炼所形成的艺术籽料原石。戈壁玛瑙集形态、质地、色彩、纹理、韵味五种惊艳于一身，令人折服。戈壁玛瑙因其形状绮丽、色彩丰富在所有宝玉石中具有不可替代性，是近两年发现的宝玉石新产品。戈壁玛瑙产量少，极为稀缺，具有极高的升值潜力和艺术价值。

第四章　古生物化石类

一、古生物意义

在地质历史时代中,生物的发展演化是整个地球发展演化的最重要的方面之一。随着时间的推移,生物界的发展从低级到高级,从简单到复杂。不同类别、不同属种生物的出现有着一定的先后次序。在演化过程中,已有的生物或演化为更高级的门类、属种,或灭绝而不再重新出现。这种不可逆的生物发展演化过程,大都记录在从老到新的地层(成层的岩石)中。在不同地质历史时期所形成的地层内保存着不同的化石类群或组合,即在某一地质时期的地层中,有着某一地质时期所特有的化石,这就是史密斯的"生物层序律"。化石在地层中的分布顺序清楚地记录了有生物化石记录以来的地球发展历史。根据生物演化的阶段性和不可逆性,地球历史由老到新被划分为大小不同的演化阶段,构成了不同等级的地质年代单位。

科学家提出了相对地质年代的概念,并提出了与地层系统相对应的地质年代表(代、纪、世、期)。地层系统和地质年代表的建立主要根据古生物的发展阶段。

以无脊椎动物和藻类植物为主,硬壳动物、无颌类低级脊椎动物及裸蕨类高等植物出现的阶段称为早古生代;以海洋无脊椎动物为主,脊椎动物向陆地侵进(从出现于早古生代的无颌类脊椎动物逐渐演化出鱼类、两栖动物及原始爬行动物,如总鳍鱼、坚头类及兽形类动物等),以及植物占领陆地(从裸蕨发展到蕨类、种子蕨类及原始裸子植物)的阶段称为晚古生代;恐龙类爬行动物盛极一时,裸子植物大发展,鸟类、哺乳类动物及被子植物出现的阶段称为中生代;哺乳类动物和被子植物大发展的阶段称为新生代,人类出现于新生代末期。

古生物是识别古代生物世界的窗口,化石是生命的记录。通过对各地、各时代化石的不断发现和挖掘,以及利用生物学和地质学等知识对化石的形态、构造、化学成分、分类等的不断研究,地球有生物圈以来,特别是后生生物出现以来,千变万化的古代生物就可被逐步识别,古代生物的形态就能得到复原,古代的生物世界就能被栩栩如生地再现给世人,古代生物在全球的地质地理分布就能得到不断揭示,古代生物的系统分类或谱系就可逐步完善起来。

(一)古生物为生命的起源和演化研究提供直接的证据

古生物研究为探讨生物演化规律提供了有力的证据。从老到新的地层中所保存的化石清楚地揭示了生命从无到有、生物构造由简单到复杂、门类由少到多、与现生生物的差异由大到小和从低等生物到高等生物的一幅生物演化的图画。

地层中化石出现的顺序清楚地显示了细菌—藻类—裸蕨—裸子植物—被子植物的植物演化和从无脊椎动物到脊椎动物的动物演化以及脊椎动物从鱼类—两栖类—爬行类—哺乳类—人类的演化规律。

我国贵州前寒武纪瓮安生物群（距今约5.8亿年），云南寒武纪澄江动物群（距今约5.4亿年），辽西中生代晚期恐龙、鸟类、真兽类和被子植物的发现为早期无脊椎动物、脊椎动物、鸟类和被子植物的演化提供了新的珍贵资料。

生命起源是自然科学领域内最重大的课题之一。一百多年前恩格斯就已指出"生命是蛋白体的存在方式"。蛋白质和核酸的结构与功能是人们认识生命现象的基础。蛋白质由20种不同的氨基酸组成，这些氨基酸大部分已在化石中找到，这对研究生命起源具有很大意义。

在前寒武纪地层中，特别是在前寒武纪的燧石层中，已陆续发现了各种化学化石和微体化石，如南非距今37亿年的前寒武纪地层中发现有显示非生物起源和生物起源的中间性质的有机物质，距今32亿年的前寒武纪地层中发现有植物色素分解生成物植烷和姥鲛烷，这样的光合物说明那时生物已经开始进行光合作用。

美国明尼苏达州距今27亿年的前寒武纪地层中发现有现代蓝藻类念球藻所含的特征，说明27亿年前就有和现代蓝藻类念球藻属相类似的蓝藻。

研究前寒武纪地层中的化学化石和微体化石，对于探索生命起源具有特别重大的意义。地外星体（如火星）上有无生命或是否曾出现过生命，是当今科学家们既感兴趣又觉困惑的一大难题。随着对陨石和从诸如火星等星球上获取的"岩石"或"土壤"材料中有机大分子或化石有机大分子的存在与否的测试和研究，这一科学问题一定能得到最终的结论。

（二）古生物是重建古环境、古地理和古气候的可靠依据

各种生物生活在特定的环境中，生物的身体结构和形态能反映其生活环境的特征，如现代的珊瑚、腕足类动物、头足类动物、棘皮动物等是海洋中的生物，河蚌类、鳄类则是河流或湖泊淡水生物，松柏类、马类为陆地生物。陆生植物和海洋生物的脂肪酸的组成有较大差别。大多数生物的活动痕迹出现在滨海或湖泊、河流近岸地带。

现代海洋藻类生活的海水深度常随种类不同而深浅不一，如绿藻和褐藻生长于海洋沿岸的上部，水深20~30 m处以褐藻为主，80~200 m处则以红藻为最多。贝壳滩形成于海滨或湖滨。化石的定向排列或定向弯曲指示着化石埋葬时的水流方向，再沉积的化石指示水下或风暴搬运等活动。现代珊瑚生长在水温18 ℃以下阳光充足的海水中。猛玛象是一种生活于寒冷气候下的生物。由植物形成的厚层煤一般标志着一种湿热的气候。

生物的形态结构（珊瑚的生长环、双壳纲的生长层、树木的年轮、叠层石的薄层理）记录了气候的季节性变化。生物(如箭石)中的氧同位素含量是可靠的温度计,而贝壳化石的蛋白质含量则反映古气候的湿度。化石生长线还储存有生物产卵期和古风暴频率的信息。因此遵循"将今论古"的原则,可依据化石重建不同地质时代的大陆、海洋、深海、浅海、海岸线、湖泊,甚至河流的分布情况,了解水质的含盐度,大陆、湖泊、海洋底部的地形,恢复再现古代的气候情况,揭示沧海桑田的古地理和古气候变迁历史。

(三)古生物可作为解释地质构造问题的证据

研究地层中生物组合面貌在纵向和横向的变化,有助于对地壳运动的升降幅度进行研究。例如现代的造礁珊瑚在海水深 20~40 m 的较浅水区内繁殖最快,深度超过 90 m 时就向上越出水面,生长就停止。很明显,只有海底连续下陷,珊瑚礁才能连续地生长。

因此,珊瑚礁岩层的厚度可以作为研究地壳沉降幅度的依据。又如我国喜马拉雅山的希夏邦马峰北坡海拔 5 000 m 处第三纪末期的黄色砂岩里,曾找到高山栎(Quercus semi-carpifolia)和黄背栎(Quercus pannosa)化石,这种植物现今仍然生长在海拔约 2 500 m 的喜马拉雅山南坡干湿交替的常绿阔叶林中,与化石产地的高差达 3 400 m 之多。由此推测,希夏邦马峰地区在第三纪末期以来的 200 多万年期间,上升了约 3 000 m。再如青海可可西里海拔约 5 000 m 的汉台山等地发现深水相的石炭纪-二叠纪放射虫化石,在海拔约 5 300 m 的乌兰乌拉山地区发现了浅海-滨海相侏罗纪双壳类化石。由此证明,这些化石沉积后,地壳上升了约 5 000 m。这些都是运用化石研究地壳上升幅度的很好的例证。采用变形的化石来确定岩石变形"应变椭球"的长轴和短轴以及长轴定向比,利用砾石变形来解决这类应力应变问题更方便、更准确。化石还可以用来确定岩层的顶底板、断层的性质以及断距等。

(四)古生物是验证大陆漂移的佐证

古生物学为大陆漂移、板块构造和地体学说的验证提供了许多证据。20 世纪初魏格纳(A.Wegener)提出了大陆漂移的假说,认为北美与欧亚大陆曾连在一起为劳亚大陆(北古大陆),南极洲、澳大利亚、印度、非州及南美洲连接在一起而成为冈瓦纳大陆(南古大陆),南、北古大陆之间被特提斯(古地中海)洋相隔。两古大陆在中生代解体后,各陆块才漂移到了现在的位置。

舌羊齿(Glossopteris)类植物广布于南美洲、非洲、南极洲、澳大利亚和印度的石炭纪—二叠纪地层中。淡水爬行动物中的龙(Mesosaurus)产于南美和非洲早二叠纪地层中。非海相水龙兽(Lystrosaurus)主要分布于冈瓦纳大陆(非洲、印度和南极洲),也见于我国新疆和包括俄罗斯乌拉尔在内的东欧等其他陆块二叠纪末—早三叠世地层中,说明二叠纪时冈瓦纳大陆确实存在,但已向北漂移,与劳亚大陆相连而形成贯通南北极的联合大陆。分隔南、北古大陆的特提斯洋在中国境内沿喀喇昆仑山口—龙木错—玉树—金沙江—昌宁—双江—孟连一线穿过。藏北可可西里古特提斯缝合带蛇绿岩基质硅质岩中放射虫化石和缝合带盖层中的牙形刺、有孔虫和钙藻化石的发现,证明了古特提斯洋开始于早石炭世韦宪期或更早闭合于晚二叠世早期开匹坦期(Capitanian)。

(五)古生物能为地球物理和天文学研究提供有价值的资料

对各地质时代的化石,特别是珊瑚、双壳类动物、头足类动物、腹足类动物化石和叠层石的生长节律(生活环境的周期变化,引起生物的生理和形态的周期变化)或古生物钟的研究,能为地球物理学和天文学研究提供有价值的依据。很多生物的骨骼都表现出明显的日、月、年等周期。如珊瑚生长纹代表一天的周期。现代珊瑚一年约有360圈生长纹,而石炭纪时期的珊瑚一年有385~390圈生长纹,泥盆纪时期的珊瑚有385~410圈生长纹,这说明泥盆纪和石炭纪时期一年的天数要比现代多。利用古生物骨骼的生长周期特征,还可推算出地质时代中一个月的天数和每天的小时数。如中泥盆世每月平均为30.6天,早石炭世为30.5天,比现代(29.5天)约多1天,寒武纪每天20.8小时,泥盆纪21.6小时,石炭纪21.8小时,三叠纪22.4小时,白垩纪23.5小时,现代一天为24小时。由此可见,地球自转速度在逐渐变慢。同样,根据化石生长线的研究,地球自转周期变慢的速度是不均匀的,石炭纪到白垩纪变慢速度很小,而白垩纪以后变慢速度明显变大。这些研究结果与天文学家的推算结论吻合。很多海洋生物在生理上与月球运转或潮汐周期有联系。对古生物钟的研究可提供月、地系统演变的资料。知道了地质时代每年天数的变化,就可利用化石生长线所得知的每年天数反过来确定其地质时代。这种方法要比用放射性衰变法测定年代方便,因为它没有化学变化和实验室测定误差带来的麻烦和不准确性。

(六)古生物在沉积岩和沉积矿产的成因研究中有着广泛的应用

有些沉积岩和沉积矿产本身是生物直接形成的。如煤是由大量植物不断堆积埋藏变成的,石油、油页岩等矿产的形成与生物有直接关系,很多碳酸盐岩油田与生物礁相关,硅藻土由大量的硅藻硬壳堆积而成,有孔虫石灰岩由有孔虫形成,介壳石灰岩由贝壳形成,藻类灰岩由藻类形成。动植物的有机体还常富集诸如铜、钴、铀、钒、锌、银等成矿元素。现代海水的铜含量仅有0.001%,但不少软体动物和甲壳动物能大量地浓缩铜。古代含有浓缩矿物元素的古生物大量死亡、堆积、埋藏,有可能形成重要的含矿层。细菌在很多方面影响沉积作用,是一个重要的地质作用因素,也是地壳地球化学循环的一个重要环节。细菌化石的研究对沉积岩和沉积矿产的成因研究非常重要。

中国所有大中型煤田、油田、油气田甚至沉积铁矿等能源和沉积矿床的勘探与开发均离不开古生物学的研究和指导。找矿是古生物学为地质学服务的重要方面。古生物化石资料是找矿的重要资料之一。古生物化石资料之所以能用于找矿是因为古生物化石本身的性质和特点:①某些矿产就是古生物遗体本身形成的;②生物活动改变环境条件,形成有利于成矿元素富集的成矿条件。可以利用古生物学资料查明成矿的地质背景,指导找矿。石油和煤矿由古生物形成是众所周知的,但是形成这些矿产的古生物门类和成因环境却各不相同。

1. 古生物与石油

石油的成因和古代生物死亡以后的遗体有着极为密切的关系,特别是那些浮游生物所起的作用更大。浮游生物个体虽小,但是数量却很庞大,当它们漂流到海岸边缘、海岛四周、海湾和潟湖等水域时,由于这些地区的水体的盐度往往不正常,或淡化,或咸化,或具大量有毒气体等,不适合浮游生物生存,于是它们大量死亡,沉落到海底,成为未来石油的原料。这些生物常形成微体化石,主要包括各种藻类、原生动物(如有孔虫)、甲壳动物(如介形虫)、蠕形动物、小型的软体动物等。例如,美国中部各州石炭纪和二叠纪地层中有大量有孔虫化石,20世纪30年代,美国地层古生物工作者利用有孔虫化石在寻找和开发美国中部油田的过程中作出了重大贡献,并进而建立了"微体古生物学"。中东不少新近系含油地层就含有丰富的有孔虫化石。在我国,陆相含油地层,如大庆油田的含油地层中有大量甲壳类(如介形虫)和贝壳类化石。

除了微体化石外,第二类与石油密切相关的是生物礁。地史上造礁生物类别比较多,主要有珊瑚礁、藻礁、海绵礁。生物礁中有大量的造礁生物和附礁生物,构成复杂的生物礁生态系统。造礁生物形成的生物骨架岩中具有大量孔隙,为很好的储油构造。世界大油田中具生物礁成因的有很多,例如,有"第二巴库"之称的乌拉尔大油田就是泥盆纪生物礁。加拿大北部泥盆纪生物礁为该国的重要产油基地,美国得克萨斯二叠纪生物礁成为美国20世纪30年代的主要产油基地。我国南海北部湾盆地涠西南凹陷油气藏的产出层位为上石炭统,是一个藻礁成因的生物礁油气藏。其中较纯的礁岩,其造礁藻类可占80%~90%,棘皮类和蜓类在5%~20%之间。该生物礁可以分为五个成礁期,包括少量礁间的非礁岩,总厚度在300 m左右。其主要造礁藻类为拟刺毛藻和翁格达藻,伴生的还有若干钙质绿藻,其含量大于75%。该油气藏已经投产。

2. 古生物与煤

煤炭是人们最早利用的化石燃料,我们都知道煤炭是由古植物经过泥炭化和碳化作用形成的。煤炭的形成与地质时期繁盛的植物群密切相关,所以我们寻找煤炭时首先从地质时期植物的繁盛期入手,剔除没有植物或植物不繁盛的时期。例如:泥盆纪以前尚未出现陆生植物,当然不需要到那里去找煤了;泥盆纪和石炭纪早期,虽然出现陆生植物,但仍是发展时期,即使有煤,规模也很小。

地质历史时期有四个植物繁盛时期,就是石炭纪晚期、二叠纪、侏罗纪和古近纪。因此,可通过古生物化石确定地质时代来缩小找煤区域。其次,植物繁盛要求比较温暖潮湿的气候条件,其环境为湖泊、沼泽、河流三角洲、滨海等,故可利用古生物化石恢复古地理环境来圈定成煤有利区域。

当我们已经找到了煤矿,需要扩展煤的储量和储煤区域时,需要从植物化石的具体属种名单、植物群面貌着手进行煤系地层的划分与对比,以寻找我们的目的层。

3. 菌藻类化石与矿产

海洋生物和微生物是使海洋化学性质发生改变的重要因素,它们制约着海底沉积物的化学性质。沉积物中有机质主要来源于生物生命活动过程中代谢的产物,尤其是微生物,它不仅是有机质的组成部分,而且可以促进有机质的分解和转化。菌藻类作为微生物,与矿产的关系也非常密切。如山东山旺的硅藻土是由藻类本身形成的。同时藻类还常常通过生命活动改变成矿条件,或通过生命活动而提高矿产的工业品位。下面举例说明菌藻类化石对矿产形成的影响。

1)海南岛石碌铁矿与菌藻类化石

该铁矿的菌藻类以铁细菌为主,其次是蓝细菌和硅鞭藻,形态有正球形和椭球形,大小(包括铁质皮鞘)以 3~9 μm 为主,其次是 10~12 μm。根据含量不同,菌藻类化石形成两种类型的铁矿石,即菌藻赤铁矿和含菌藻赤铁矿。铁细菌通过菌体的生理生化作用将吸收的低价铁氧化为高价铁分泌于体外,围绕菌体形成铁质皮鞘。其形成环境和条件如下:①菌藻类赤铁矿是在温暖的气候条件下和清澈而安静的海水中铁细菌大量繁殖的结果;②铁细菌通过摄取海水中可溶性低价铁在体内转化为高价铁实现造铁作用,因此在氧化性大气环境下应该是具有一定的水深才能获取足够的铁质。③菌藻赤铁矿中仅含有微量陆源碎屑,表明其离海岸较远,矿石中还发现蓝细菌化石,因为蓝细菌通过光合作用可以为铁细菌提供生存和繁殖所需的氧气。

2)湖南埃迪卡拉纪(震旦纪)早期沉积碳酸锰矿床与蓝细菌化石

俗称"湘潭式"锰矿的埃迪卡拉纪早期沉积锰矿是湖南省的主要锰矿类型。根据丰富的蓝细菌化石的存在、碳酸锰矿相(岩相)在时间与空间上的变化规律、矿层具水平微层纹块状构造及互层构造的沉积特征,可确定矿床沉积于古陆周边海湾或古岛边缘海湾的局限台地、半封闭浅水沉积盆地中,可能形成于潮下或潮间低能带。蓝细菌化石本身就是碳酸锰矿物颗粒,根据蓝细菌化石的丰富程度可确定矿石含锰量的贫富。就一个矿区而言,蓝细菌化石愈丰富,锰含量也愈高,出现以菱锰矿和镁钙菱锰矿等含锰量高的矿物为主组成的富矿段,反之,则以锰白云石或锰方解石、方解石、白云石等含锰量低的矿物为主形成贫矿或无矿段。从区域上看,凡是具一定规模的锰矿床必定含有丰富的蓝细菌化石,而在不具工业价值的锰矿床中,很少有或没有蓝细菌化石存在,只出现含锰灰岩或白云岩。这些事实清楚地反映出碳酸锰矿的形成和富集同蓝细菌生物作用有直接关系。再从卟啉化合物和有机色素的存在来看,碳酸锰矿物的形成又与成岩早期的有机地球化学作用有关。因此,这种矿床的形成与蓝细菌生物作用、成岩早期的有机地球化学作用有关。蓝细菌是自养的浅水浮游生物,需要阳光进行光合作用,其生活水体深度一般为 10~30 m,甚至更浅,要求水清澈,温度不低于 15 ℃。蓝细菌由于具有特有的色素,在光合作用过程中生成糖类,并吸取其他元素,在酶的作用下,制造出生存需要的有机化合物。这就使得蓝细菌具有吸取金属元素的能力,这种能力已为现代海洋中某些菌藻体内某些金属元素含量得到数十倍至上千倍提高的事实所证明。综上所述,菌藻生物不仅对某些金属元素起着富集剂作用,而且是一个很好的指相标志,这反映了微生物环境控矿的特征。因此,在外生沉积型金属矿床中都要重视对低等藻(菌)类微生物的研究和发现,这对恢复沉积环境与指导找矿具有一定的意义,并且随着研究程度的提高将会起到越来越重要的作用。

　　根据化石记录,科学家们目前已经发现,地质历史时期地球上曾发生过六次大的和无数次中、小的生物灭绝(集群灭绝)事件。六次大的生物灭绝事件发生的时间从老到新为寒武纪末、奥陶纪末、泥盆纪晚期、二叠纪末、三叠纪末和白垩纪末。造成生物集群灭绝的原因很多,如地外碰撞(地球以外的星体如陨星撞击地球)、火山活动、气候(变冷或变暖)、海进(海平面上升)、海退(海平面下降)和缺氧等。每次大的灭绝事件都能在相对短时期内造成全球生物 80%~90% 以上的物种灭绝。

　　但是,少数生命顽强或逃逸能力强的物种能够忍受灾变造成的极端恶劣的环境或逃离灾区至异地避难而幸存下来。同时,灾变引起的环境变化也给新物种的诞生创造出条件和机遇。生物集群灭绝事件期间幸存的物种在灭绝事件后开始复苏和发展,并进而开创生物演化的新阶段。因此,每次全球性的生物灭绝事件后,如奥陶纪初、泥盆纪末、三叠纪初、侏罗纪初和第三纪初,都伴随着生物的复苏和发展。通过对生物大灭绝的原因和灭绝后生物复苏的控制因素的研究,地质古生物工作者们将揭示出更多的生物起源与演化的自然规律,并为人类控制生态平衡和保护人类的家园——地球提供大尺度的、历史的和科学的借鉴。了解和掌握了远古生物的发展规律,并利用现代科学和技术,人类就能避免或推迟潜在的对人类有害的事件发生,或减轻或回避未来的生物事件对人类的影响。

　　地球上生物的发生、发展、演化、灭绝与复苏等生物事件均与生物本身的内在因素(形态、结构、生活方式、生理、遗传等)和生物所生存的环境(小到小生境、微小雨水潭,大到海洋、地球甚至宇宙)息息相关,绝无其他任何超自然的力量参与过或作用于这些生物事件。化石记录也显示出生物与环境、灭绝与复苏等的辩证关系,向人类展示了生物进化论和辩证唯物论的实证。

　　近百年来,中国的地质古生物学研究积累了大量的资料,研究工作已经覆盖了从东海到青藏高原、从南海到塔里木盆地的广阔地域。特别是近 15 年来,中国古生物学家获得了一系列惊世的古生物化石标本,它们跨越了近 7 亿年的地质历史。

　　中国古生物学工作者已在系统古生物学、前寒武瓮安生物群、寒武纪澄江化石宝库、华南泥盆纪鱼类、晚期中生代热河生物群、新生代的古人类、华南地质历史时期生物的大灭绝和复苏、分子古生物、奥陶系达瑞威尔阶的全球界线层型和全球二叠系乐平统年代地层研究方面做出了具有重大国际意义的系列成果,引起了国际学术界的关注。贵州瓮安磷块岩中保存的极其精美的胚胎化石为研究早期(6亿7 000万年前)动物提供了直接的化石证据;寒武纪云南澄江生物群的新发现,为人们呈现出5亿年前生物多样性的壮丽景观;已报道的云南虫、海口虫、昆明鱼、海口鱼等非常罕见的珍贵化石,使脊椎动物的起源之谜看到了曙光,中国南方距今4亿年左右的斑鳞鱼是一类非常奇特的肉鳍鱼类,可能是最早的硬骨鱼类。中生代的辽西生物群展示出地质历史中距近1亿多年前的又一期生物繁茂的壮观图象,其中孔子鸟和几种长羽毛的恐龙化石是国际学术界极感兴趣的新发现,使鸟类起源于恐龙的假说及鸟类飞行起源找到了直接化石证据,哺乳动物的最接近的共同祖先也从辽西发现的哺乳动物化石中初见端倪。此外,国际二叠、三叠纪界线层型剖面的建立,使古生代、中生代分界的国际地质年代和地层划分确立在我国浙江省,国际二叠纪乐平统地层的命名以及百色古石器的发现等,均成为国际地质古生物学研究的亮点。更为可贵的是,中国古生物学研究已经呈现出良好的发展态势,有更多的新成果正在产生。

二、生物化石的形成条件及分类

生物化石是存留在岩石中的古生物遗体、遗物或遗迹,最常见的是骨头与贝壳等化石。研究化石可以了解生物的演化并能帮助确定地层的年代。

(一)生物化石的形成条件

生物化石的形成条件包括生物本身条件、生物遗体的保存条件、时间因素、埋藏条件、成岩作用的条件。①生物本身条件:具有硬体的生物保存为化石的可能性较大,如无脊椎动物中的各种贝壳、脊椎动物的骨骼等。因为硬体主要由矿物质组成,抵御各种破坏作用的能力较强。②生物遗体的保存条件:在高能的水动力环境下,生物遗体容易磨损。pH值小于7.8时,由碳酸钙组成的硬体容易溶解。氧化条件下有机质易腐烂,在还原条件下容易保存下来。此外,生物遗体还会受到动物吞食、细菌腐蚀等因素的影响。③时间因素:生物死后迅速埋藏才有可能保存为化石。长期埋藏并发生石化作用才能保存为化石。④埋藏条件:生物死后因被不同的沉积物质所掩埋,保存为化石的可能性会有差别。如果生物遗体被化学沉积物、生物成因的沉积物所掩埋,其硬体部分易保存,但若被粗碎屑物质埋藏,由于机械作用容易被破坏。在特殊条件下,松脂的包裹或冻土的埋藏可以保存完好的化石。⑤成岩作用的条件:在沉积物固结成岩的过程中,压实作用和结晶作用都会影响石化作用和化石的保存。在碎屑岩中的化石很少能保持原始的立体形态,而化学沉积物在成岩中的重结晶作用常使生物遗体的细微结构遭受破坏。

(二)地层中化石的种类

地层中的化石从其保存特点看可大致分为四类:实体化石、模铸化石、遗迹化石和化学化石。

1. 实体化石

实体化石指古生物遗体本身几乎全部或部分保存下来的化石。原来的生物在特别适宜的条件下,避开了空气的氧化和细菌的腐蚀,其硬体和软体可以比较完整地保存而无显著的变化。例如1901年发现于第四纪冰期西伯利亚冻土层中的猛犸象化石不仅骨骼保存完整,连皮、毛、血肉,甚至胃中食物都保存完整。

2. 模铸化石

模铸化石就是生物遗体在地层或围岩中留下的印模或复铸物。第一类是印痕,即生物遗体陷落在底层所留下的印迹。在这种情况下,生物遗体往往遭受破坏,但这种印迹却反映出该生物体的主要特征。不具硬壳的生物在特定的地质条件下,也可保存其软体印痕,最常见的就是植物叶子的印痕。第二类是印模化石,包括外模和内模两种:外模是生物遗体坚硬部分(如贝壳)的外表印在围岩上的痕迹,能够反映原来生物的外表形态及构造特征;内模指壳体的内面轮廓构造印在围岩上的痕迹,能够反映生物硬体的内部形态及构造特征。例如贝壳埋于砂岩中,其内部空腔也被泥沙充填,当泥沙固结成岩而地下水把壳溶解之后,在围岩与壳外表的接触面上留下贝壳的外模,在围岩与壳的内表面的接触面上留下内模。第三类叫作核,上面提到的贝壳内的泥沙充填物称为内核,它的表面就是内模。内核的形状、大小和壳内空间一样,是反映壳内面构造的实体。如果壳内没有泥沙填充,当贝壳溶解后就留下一个与壳同形等大的空间,此空间如再经充填,就形成与原壳外形一致、大小相等、成分均一的实体,即称外核。外核表面的形状和原壳表面一样,是由外模反印出来的,它的内部则是实心的,并不反映壳的内部特点。第四类是铸型。当贝壳埋在沉积物中,已经形成外模及内核后,壳质全被溶解,而又被另一种矿质填入,像工艺铸成的一样,使填入物保存贝壳的原形及大小,这样就形成了铸型。它的表面与原来贝壳的外部一样,它的内部还包有一个内核,但壳本身的细微构造没有保存。

总的来说,外模和内模所表现的纹饰凹凸情况与原物正好相反。外核与铸型在外部形状上和原物完全一致,但原物的内部构造已被破坏消失,其物质成分与原物也不同。至于外核和铸型的区别在于前者内部没有内核,而后者内部还含有内核。

3. 遗迹化石

遗迹化石指保留在岩层中的古生物生活、活动的痕迹和遗物。遗迹化石中最重要的是足迹,此外还有节肢动物的爬痕、掘穴、钻孔以及生活在滨海地带的舌形贝所构成的潜穴。遗物化石往往指动物的排泄物或卵(蛋化石);各种动物的粪团、粪粒均可形成粪化石。我国白垩纪地层中恐龙蛋世界闻名,在山东莱阳地区以及在广东南雄均发现成窝垒叠起来的恐龙蛋化石。

4.化学化石

有的古生物的遗体虽被破坏,未保存下来,但组成生物的有机成分经分解后形成的各种有机物,如氨基酸、脂肪酸等,仍可保留在岩层中,这种视之无形但具有一定的化学分子结构,足以证明过去生物的存在的化石称为化学化石。随着近代化学研究的进展,科学技术的提高,可将古生物的有机分子(指氨基酸等)从岩层中分离出来,进行鉴定研究,同时产生了一门新的学科——古生物化学。

三、早古生代生物界

早古生代包括寒武纪、奥陶纪和志留纪,代表显生宙的早期阶段。从古生代开始,地球历史的发展进入了一个新的阶段,在生物方面有显著特征。早古生代的生物以海生无脊椎动物为主。生物分泌硬壳开始于震旦纪末期。从寒武纪开始硬壳生物突发辐射式的大量出现和以澄江动物群为代表的生物大爆发是生物演化历史中的重大事件。生物界的重大变革实质上是地壳演化阶段的划分标志。由于海生无脊椎动物的空前繁育和广泛分布,我们就有可能根据生物群的演变划分地层,确定地质年代。从地层划分说,从早古生代起,我们第一次能够根据标准化石及其组合建立年代地层的基本单位时带(表 4-1),这是与前古生代的重要区别。

表 4-1 早古生代地质年代划分简表

代	纪	世	代号
早古生代	志留纪	晚志留世	S3
		中志留世	S2
		早志留世	S1
	奥陶纪	晚奥陶世	O3
		中奥陶世	O2
		早奥陶世	O1
	寒武纪	晚寒武世	∈3
		中寒武世	∈2
		早寒武世	∈1

(一)寒武纪生物

寒武系底界 GSSP(即全球界线层型剖面和点)选定在纽芬兰岛,以遗迹化石三槽阿纳巴管(Tricophycus pedum)首现为标志,年龄 54.2 Ma(Ma 全称为 Megaannus,在地质学上表示百万年,下同)。

1. 寒武纪生物界概况

从震旦纪末期到寒武纪早期，已经出现了较为原始的生物群（如蓝田生物群、庙河生物群、瓮安生物群、伊迪卡拉生物群、西陵峡生物群、高家山生物群等）。地球历史发展到寒武纪时期，很快就出现了大量的门类众多的较高级动物。这是地球历史上动物界第一次大发展时期，称寒武纪大爆发。

寒武纪时期以海生无脊椎动物空前繁盛为特色，称为无脊椎动物的时代。各种生态环境下的生物（包括底栖、浮游、游泳生物）均已出现。据报道，最多的为节肢动物，其中三叶虫约占化石保存总数的 60%，所以又称寒武纪时期为三叶虫的时代，其次为腕足类，约占 30%，其他门类仅占 10%。寒武纪时期的植物界仍以海生藻类为主。

澄江动物群是寒武系底部继小壳动物群之后出现的第一个多门类生物群。主要门类有海绵、腔肠、栉水母、节肢、鳃曳、叶足、腕足、古虫、脊索动物门和步带类（包括棘皮动物和半索动物门）、星虫、毛颚动物及藻类。至 2005 年已描述 160 属 180 多种，其中新种 130 个。最早发现于云南澄江，寄主地层的沉积环境为正常与风暴浪基面之间，年龄 520 Ma。澄江动物群是寒武纪初期生物大爆发的典型代表。

小壳动物群（Small shelly fauna）是寒武纪初大量出现、个体微小（1~2 mm）、具外壳的多门类海生无脊椎动物群，包括软体动物门中的软舌螺、单板类和腹足类、腕足类以及分类位置不明的类型。小壳动物群是第一个广布的带壳生物群，标志着寒武纪的起点。

2. 重要生物门类

三叶虫：是地层划分与对比的主要依据及建阶标准。∈1：以莱德利基虫目为主（形体狭长，头大尾小，眼叶大，多新月形，胸节多），代表化石为始莱德利基虫。∈2：以褶夹虫目为标志（头鞍截锥形，具平直的眼脊和较小的尾板，中后期与晚寒武世初期的三叶虫特征相近，尾板宽大，尾刺发育）。∈3：种类繁多，形态各异，常出现一些头鞍特殊的属，球节子类是一类常见标准化石，如蝴蝶虫（Blackwelderia），多尾刺。

腕足类：以无铰纲为主（无铰类多为几丁质外壳，如小圆货贝、小舌形贝等），∈2 后期才出现有铰纲类，如始正形贝等。

古杯类：多形成于浅海，呈礁体产出。本类自 ∈1 初期出现，∈2 达到高峰，以后迅速衰减。其分布于世界各地，我国仅见于华南。

（二）奥陶纪生物界

1. 奥陶纪生物界概况

奥陶纪时期几乎所有无脊椎动物门类均已出现，无论在数量还是在种类方面都较寒武纪有了更大发展。在地层划分与对比中，以笔石、三叶虫、头足类、腕足类、牙形类最为重要。其他还有珊瑚、苔藓虫、海林擒、腹足类等。原始脊椎动物：1891 年瓦尔考特首先在美国落基山发现,后来在波罗地海、澳洲中部等也相断发现,多为无颌类的甲胄鱼碎片。奥陶纪的植物界与寒武纪相似,仍以海生藻类为主。

这次生物大辐射实现了海洋生物从"寒武纪演化动物群"(以三叶虫和磷质壳腕足动物为主导)向"古生代演化动物群"(以钙质壳腕足动物、棘皮动物、苔藓虫、珊瑚、笔石和头足类动物等为主导)的转型,对海洋生物群的组成结构和生态系统产生了深远的影响。

2. 重要生物门类

三叶虫:继寒武纪之后继续发展,并在全球范围内达到了最繁盛时期。不同生态类型的三叶虫共存,表明这时生物生态已开始发生分异,包括指纹头虫、宝石虫、小达尔曼虫、南京三瘤虫等。

头足类:头足类数量多,个体大,是当时海洋中的一霸,从奥陶纪后期开始迅速衰退。中国南方和华北存在着两种不同类型的头足类动物群,特别是在早奥陶世更为明显。华北为珠角石动物群,以阿门角石为代表;华南为直角石动物群,以震旦角石为代表。

腕足类:达到发展的高峰期,具铰纲的三分贝目、正形贝目、五房贝目和扭月贝目进入顶峰阶段,石燕贝及小嘴贝类都有代表。

笔石类:早奥陶世早期,以树形笔石类为主,如网格笔石;早奥陶中期,无轴类开始出现,如对笔石;早奥陶晚期,以栅笔石为代表。中、晚奥陶世是正笔石类的鼎盛时期,无轴和有轴类齐头并进,如无轴类中的丝笔石和有轴类中的叉笔石。有轴类早奥陶世开始出现,早泥盐世后期绝灭。

(三)志留纪生物

1. 志留纪生物界概况

海生无脊椎动物:三叶虫、头足类的衰退,介形类和牙形类的兴起与发展成为该纪的一个特色。腕足类出现了内部构造复杂的五房贝类和石燕贝类。笔石保留了繁盛于奥陶纪的有轴类,并开始兴起了单笔石类。珊瑚进入全球第一个繁盛期,常形成小礁体。脊椎动物又有了进一步的发展,除原始的无颌类外,又出现了有颌类,除具有上、下颌外,还发育了偶鳍,为脊椎动物演化史上的最大飞跃。

植物界:仍以海生藻类为主。半陆生裸蕨植物已开始出现,如茎类裸蕨,为植物界从水生向陆地发展的过渡类型,在滨海低地、沼泽地区逐渐繁盛,是植物界演化史上的一个飞跃。

2. 重要生物门类

笔石,S1:除双笔石外,单笔石开始繁盛(正笔石目,有轴亚目)。S2至S3:几乎全部为单笔石科动物。次要门类:珊瑚、腕足、三叶虫四射珊瑚,主要为单带型(除隔壁外,只有横板)和泡沫型,可形成小型珊瑚礁腕足,并不繁盛,但内部构造复杂,如五房贝二。笔石为该纪重要标志化石。晚志留世的笔石胞管简单化,多为直管状。

腕足类：早志留世以五房贝为代表，中、晚志留世以郝韦尔石燕为代表。

珊瑚：常形成小型礁体，以床板珊瑚、六射珊瑚和四射珊瑚为主，如 S1 的泡沫珊瑚、S2 的蜂巢珊瑚。

三叶虫：在志留纪时期大量减少，常见化石为王冠虫。

志留纪生物相与奥陶纪类似，仍然以笔石相、壳相、混合相和礁相为特色。

（四）早古生代的古地理

华北板块自新元古代隆升，到寒武纪早期整体下降接受海侵，形成早寒武世晚期至中奥陶世的滨浅海沉积。中奥陶世又开始隆升，一直持续到晚古生代。板块南、北均为大洋环境。加里东运动后期，南侧古祁连山和北秦岭洋消失，柴达木板块、秦岭微板块与华北板块对接碰撞。华南板块有扬子板块和华夏板块，之间为华南裂谷盆地。扬子板块内部为稳定的滨浅海沉积环境。加里东运动后主体上升。

寒武纪扬子板块海侵广泛，地层明显分化：下统为泥砂质和碳酸盐沉积，化石丰富；中、上统以镁质碳酸盐岩沉积为主，化石稀少。华南江南区以碳质、硅质、钙质页岩和薄层灰岩为主，产浮游化石，底栖生物少，为基底沉降速率大于沉积物沉积速率的非补偿的半深海还原环境，处于大陆斜坡位置；华南东南区以碎屑泥质沉积为主，复理石韵律发育，属浊流沉积，地层厚度变化大，为地形高差巨大、地形复杂的深海、浅海及古岛并存的活动构造环境。华北板块自新元古代后期抬升，一直遭受剥蚀，至早寒武世开始接受海侵。因此，早寒武世早期全区无沉积，自苍浪铺早期开始从南侧秦岭海槽逐步向北海侵，为稳定的北高南低的陆表海碳酸盐岩沉积。奥陶纪早期的古地理轮廓与寒武纪相似。晚期由于地壳运动和冰川作用，发生大规模的海退。华北板块主体抬升，华南盆地规模收缩。稳定沉积类型在华北及珠峰地区为碳酸盐岩沉积，在扬子区以泥质沉积为主。华南区中奥陶世后，盆地萎缩加剧，中心向西北迁移。自西向东，分为稳定类型的扬子区、相对活动类型的江南区和东南区。华北—东北南部区主要为碳酸盐岩沉积。早期在华北地台范围内，稳定型奥陶系普遍分布，中奥陶世以后，地壳上升，奥陶系遭受不同程度的剥蚀。下统发育齐全，岩相稳定；中、上统发育不全，仅少数地区有沉积。早奥陶世早期，北部是正常浅海环境，南部是潮间—潮上蒸发环境，说明此时北低南高。中期南部抬升为剥蚀区，晚期海侵范围扩大，中奥陶世海侵仍广泛存在。晚奥陶世地壳上升，大规模海退，成为剥蚀区。志留纪为早古生代的最后一个纪，世界各个大陆边缘都不同程度地发生了强烈的构造运动（即加里东运动），形成一批褶皱山系，世界各大陆块都有不同程度的上升和海退，板块之间相互碰撞，陆地面积扩大，浅海区缩小，地形高差加大，气候干旱，生物开始了征服陆地的漫长进程。奥陶纪晚期的地壳运动及冰川作用导致中国北部先后发生大规模海退。自早志留世，冰川作用消退，海侵范围逐渐扩大，许多地区发生超覆现象，至志留纪中、晚期，广大地区再次出现显著海退。

四、晚古生代生物界

晚古生代包括泥盆纪、石炭纪、二叠纪。距今 410—250 Ma,延续 160 Ma,其地质年代划分见表 4-2。除海生无脊椎动物外,出现陆生植物,淡水鱼大量繁盛,体现了生物征服大陆的进化过程。除海相地层广泛分布外,陆相和海陆交互相地层也有所发育。中后期内陆或近海沼泽、森林广泛分布,形成含煤地层,是地史上第一次重要的造煤期。海生无脊椎动物的演化过程为:笔石几乎绝灭,三叶虫和鹦鹉螺大量减少,珊瑚、腕足类的种类和数量发生巨变。

表 4-2　晚古生代地质年代划分简表

代	纪	世	代号
晚古生代	二叠纪	晚二叠世	P3
		中二叠世	P2
		早二叠世	P1
	石炭纪	晚石炭世	C2
		早石炭世	C1
	泥盆纪	晚泥盆世	D3
		中泥盆世	D2
		早泥盆世	D1

(一)泥盆纪的生物界

1. 鱼类的繁盛

泥盆纪时期鱼类特别繁盛,因此泥盆纪时期被称为"鱼类的时代"。鱼类已开始生活在内陆的河流、湖泊或河口地区,成为动物征服大陆的第一标志。

2. 原始两栖类的出现

晚泥盆世的总鳍鱼类具有强大的肉鳍,可以在泥沙上爬行,既能用鳃呼吸,又能用肺呼吸,被认为是两栖类的祖先。原始两栖类的代表动物为鱼石螈。

3. 陆生植物的发展和小型森林的出现

泥盆纪时期植物已能较好地适应陆地环境,以裸蕨类为主,并出现有根茎、叶分化的原始石松类、有节类及原始裸子植物,小规模的森林形成可采煤层。

4. 海生无脊椎动物的巨大变化

笔石几乎全部绝灭,三叶虫大量减少,腕足动物中石燕类特别发育,中槽、中隆明显,此外穿孔贝类、小嘴贝类、扭月贝类、无洞贝类也较繁盛。四射珊瑚在泥盆纪形成一个发展高潮,常形成珊瑚礁,多为双带型珊瑚。层孔虫非常繁盛,与苔藓虫、珊瑚一起形成生物礁。

（二）石炭纪的生物界

（1）陆生植物空前繁盛，陆生的两栖类动物、昆虫及非海相软体动物有很大的发展，海生无脊椎动物更为进步。

（2）两栖类大发展，原始爬行类出现。石炭纪是两栖类蓬勃发展的时期，被称为"两栖类时代"，以"坚头类"为主；出现原始的爬行类，以陆生羊膜卵的方式在陆地繁殖后代，可以摆脱对水的依赖。

（3）陆生植物以石松、节蕨、真蕨、种子蕨和科达类为主，首次出现大规模森林，这是最早的世界性成煤时期。

（4）海生无脊椎动物的发展与变革如下。珊瑚：双带型四射珊瑚，具中轴的三带型四射珊瑚繁盛。腕足动物：长生贝类大量兴起，石燕贝类继续繁盛。蟆类动物兴起，并成为石炭纪地层划分的重要化石。

（三）二叠纪的生物界

海生无脊椎动物发生巨大变化，早古生代繁盛的物种在二叠纪末期大都灭绝；植物界进入一个新的演化阶段，裸子植物开始繁盛，爬行类开始走上历史舞台。

（1）植物界：早、中二叠世与晚石炭世的植物面貌相似，以石松、节蕨、真蕨和种子蕨为主。晚二叠世裸子植物大量繁盛，除科达、苏铁类继续繁盛外，银杏、松柏类大量出现，使二叠纪成为古生代的第二造煤时代。二叠纪延续石炭纪的气候分带，植物地理分区现象明显。

（2）两栖类进一步发展，爬行类开始繁盛。

（3）海生无脊椎动物的发展与变革（以蟆、珊瑚、腕足及菊石类的繁盛为特征）如下。蟆：壳大、拟旋脊、列孔发育，副隔壁出现；二叠末期全部灭绝。珊瑚：以三带型复体四射珊瑚为特点；横板珊瑚在早期也较繁盛，至二叠末期四射珊瑚、横板珊瑚全部灭绝。贝类、扭月贝类全部灭绝。

（四）晚古生代的古地理

我国的泥盆系分布广泛，依据其分布和沉积类型可分为三大部分。华北地区仍继承志留纪特点，普遍缺失泥盆纪的沉积，为剥蚀地区。华南区为我国泥盆系主要发育地区，岩相类型复杂，化石丰富。

中国泥盆系北部：包括北天山，东、西准噶尔盆地，阿尔泰山，甘肃北山，内蒙古及东北北部，主要为陆源碎屑沉积，伴随大量的火山岩。中部：塔里木—华北板块区，除祁连山南、北坡和塔里木板块边缘发育陆相红色建造为主的沉积外，大部分为剥蚀区。南部：以康滇古陆为界，分为东、西两部分，西部为地槽型浅海碳酸盐岩建造、类复理石建造，局部变质；东部包括扬子地台区和东南加里东褶皱带，具有陆相和海相两种沉积类型。

加里东运动后,扬子板块上升为陆地。泥盆纪初期,除少数地区有沉积外,其他均为剥蚀古陆或山体。早泥盆世开始,自西南向东北方向发生海侵,分为三个地区,有三种沉积类型。上扬子地区最早受海侵。西南浅海相:早泥盆世晚期出现浅水碳酸盐台地(象州型)和条带状较深水硅、泥和泥灰质台槽(南丹型)沉积。中扬子地区海侵始于中泥盆世,仅见中、上泥盆统的海陆交互相和滨浅海相沉积。下扬子地区仅见上泥盆统,以陆相沉积为主。滇、黔、桂地区:浅海沉积(象州型)、滞留海沉积(南丹型)。川鄂、湘赣地区:早泥盆世为剥蚀古陆,中、晚泥盆世遭受海侵,接受海相、海陆交互相沉积。东南地区:长期暴露剥蚀,中晚期形成不同规模的断陷盆地,接受陆相沉积。西南浅海相分布于川西北、滇、黔、桂、粤北及湘中南等地,一般有下、中、上三统。下统主要为碎屑岩,反映差异升降的海陆交界处的陆相或滨海相沉积。中、上统以碳酸盐岩为主,反映地壳缓慢下降、海侵广泛的浅海化学沉积。东南地区陆相分布于赣北、皖南、浙西及鄂东地区。此区为古陆区,发育了一系列凹陷盆地,接受红色的陆相沉积。川鄂、湘赣海陆交互相位于川鄂、湘赣交界处,只有中、上泥盆统。石炭纪继承和发展了泥盆纪的古地理格局。华北—柴达木和华南板块之间的秦岭小洋盆仍然存在。古亚洲洋内部发生造山运动,极地冰盖开始发展。森林大规模出现,石炭纪成为第一个重要成煤时期。北板块自奥陶纪中晚期开始,一直处于隆起剥蚀状态。早石炭世主体仍为平坦的低地。晚石炭世—早二叠世开始缓慢沉降,普遍接受海陆交互相沉积。因此上石炭统直接覆于下中奥陶统侵蚀面之上。上统下部以浅海相为主,夹部分陆相地层;上统上部是海陆交互相,含煤层,形成大煤田,是华北重要的成煤期。晚石炭世早期,经多次海进海退,形成厚度不大的海陆交互相。上石炭统本溪组东北部厚度大、地层全,向西向南厚度变小,常缺失早期地层,说明此时地势北低南高,海水自北向南侵入。晚石炭世晚期,太原组除东南部淮南地区地势低凹受海侵较长,以浅海相沉积为主外,其他地区均为海陆交互相沉积,含重要煤层,说明此时海侵由东南向西向北侵入。早石炭世,东南地区和上扬子地区仍为古陆,下扬子地区重新下降遭受海侵。晚石炭世,海侵广泛,几乎完全为浅海相碳酸盐岩相地层。石炭纪末期,地壳上升,出现沉积间断。中国二叠系分布广泛,发育完全,化石丰富,沉积类型多样;华北以陆相为主,华南以海相为主。华北板块主体自二叠纪起基本脱离海洋环境,以陆相沉积为主;仅淮南、豫西和陕甘宁盆地南缘等局部地区有短暂海侵。

五、中生代的生物界

中生代包括三叠纪、侏罗纪、白垩纪,距今 250~65 Ma,延续 185 Ma,地质年代划分见表4-3。

表 4-3　中生代地质年代划分简表

代	纪	世	代号
中生代	白垩纪	晚白垩世	K2
		早白垩世	K1
	侏罗纪	晚侏罗世	J3
		中侏罗世	J2
		早侏罗世	J1
	三叠纪	晚三叠世	T3
		中三叠世	T2
		早三叠世	T1

生物界以陆生裸子植物、爬行动物(特别是恐龙)和海生无脊椎动物菊石类繁盛为特征。全球陆相地层广泛发育,湖盆发育,气候温暖潮湿,植物繁茂,为重要造煤期之一。侏罗—白垩纪时,地壳运动和火山活动剧烈。古生代末期,生物的群集绝灭使得生物界面貌发生重大变化。海生无脊椎动物和陆生植物有了新的发展。脊椎动物开始占领海、陆、空全方位领域,出现了最早的鸟类和哺乳类动物。

(一)三叠纪的生物界

植物:裸子植物占优势,松柏、苏铁、银杏及真蕨类繁盛。

脊椎动物:早三叠世出现水龙兽动物群;中三叠世出现犬颌兽和肯氏兽动物群,全球各大州都有分布,表明世界性联合古陆的存在;晚三叠世爬行动物大发展,出现恐龙类,类似哺乳动物的爬行类,海生的爬行类(鱼龙),真正的龟、鳖、蜥蜴及鳄类。

海洋无脊椎动物:以软体类动物为主。菊石具有齿菊石式、菊石式缝合线,壳饰发育;双壳类繁盛,种类多,多为弱异齿、古异齿型铰合;六射珊瑚开始出现。

(二)侏罗纪的生物界

侏罗纪时期又称"裸子植物的时代""爬行类时代""菊石的时代"。

植物:以裸子植物中的苏铁、松柏、银杏及真蕨类为主;昆仑—秦岭一线划分南北,北面为锥叶蕨－拟刺葵植物群(银杏类居多),南面为网叶蕨－格子蕨植物群(苏铁类、蕨类居多)。

脊椎动物:爬行类动物空前繁盛,身躯巨大,成为大陆的主宰,既有生活于陆地上的,也有生活于水中的,还有在空中飞翔的。主要类型有蜥臀类和鸟臀类。爬行类的特征:口中有齿,翼具爪;鸟类的特征主要包括,鸟头、鸟的体形、中空骨骼、羽毛。

海洋无脊椎动物:软体动物较繁盛,菊石类的缝合线均为菊石式。

(三)白垩纪的生物界

植物:早白垩世仍以裸子植物繁盛为特点;晚白垩世被子植物兴起,裸子植物发展受到限制,退居次要位置。

脊椎动物:早白垩世恐龙依然处于鼎盛时期,占据了水、陆、空的主导地位,末期绝灭。出现现代类型的鸟类;哺乳类动物出现。淡水无脊椎动物以双壳类、介形虫、叶肢介及昆虫最为常见。

海洋无脊椎动物:菊石依然繁盛,形态正常的菊石往往缝合线复杂,形态特殊的菊石缝合线却趋于简化;双壳类分布广;有孔虫繁盛。

(四)中生代的古地理

三叠纪的古地理特征是北方为陆地,南方海侵广泛,发育海相地层,总体为“南海北陆”。西藏、滇西、川西、青海一带仍为一大海槽。南方三叠系下、中统普遍为海相地层,上统为海陆交互相或陆相地层。晚三叠世后,华南海区上升为陆地,与北方大陆连成一片。贵州、四川、云南及广西三叠系分布最广最完善,化石丰富。黔西南贞丰剖面为典型剖面。早三叠世早期,扬子海区西高东低,海水西浅东深,碎屑物来自西边的康滇古陆。晚期为干旱的较咸化沉积,下扬子区为薄层灰岩夹页岩,属浅海相沉积。中三叠世,扬子海盆受东部江南古陆阻挡,海水不易进入,成为半封闭的咸化海盆。晚三叠世,海水继续下降,晚期退出上扬子盆地。下扬子区也由海陆交互相过渡到陆相沉积。早三叠世,湘中为浅海灰岩相,向东至江西、粤北、湘南及闽西南等地以砂页岩为主,夹薄层灰岩,属滨浅海相沉积,说明东部地势高,并有海湾和古陆剥蚀区存在。中、晚三叠世,湘黔桂高地形成,仅东南有海水形成内陆海湾,发育海陆交互相含煤沉积。右江区早三叠世为碎屑岩相,局部有碳酸盐岩组合;中三叠世,发育复理石沉积,代表陆缘浅海至半深海区沉积;晚三叠世,为海陆交互相碎屑岩和陆相红层,代表滨浅海和陆相沉积。其特点是厚度大,含类复理石沉积,生物以菊石为主,地壳活动性较大,有火山活动。中国北部昆仑—秦岭以北,除少数地区外,均为陆相沉积。华北、西北广布一些彼此隔离的内陆盆地,包括鄂尔多斯盆地、沁水盆地、宁武盆地、准噶尔盆地及吐鲁番盆地,以鄂尔多斯盆地为代表。侏罗纪时期,印支运动后,我国大部分地区海水退去,除青藏高原、东北挠力河、台湾及珠江三角洲至湘南等少数沿海地区有海侵外,基本处于大陆环境。东部结束了以昆仑—秦岭—大别山为界的“南海北陆”状态,华南和华北连成一片。而以贺兰山—龙门山—大雪山为界的东西部差异显现。

中国东部位于贺兰山—龙门山—大雪山一线以东,基本为大陆环境,分布着大大小小的沉积盆地。吕梁—雪峰山以西为两个大型的内陆盆地,即鄂尔多斯盆地和四川盆地;以东为一系列小型盆地,并有剧烈的地壳运动和岩浆活动。四川盆地侏罗纪早期:气候由温湿变为干燥,环境由湖沼变为湖泊;川西北和川东地区仍以湖沼为主,有煤层形成。中期:气候趋向干燥,沼泽消失,以湖泊为主,生物繁盛,堆积成介壳灰岩层。晚期:地势分异显著,气候更加干燥,广泛形成河湖相红色地层。鄂尔多斯盆地侏罗系边缘为河流相,向中心过渡为滨湖相、浅湖相、深湖相。滨湖相常发育沼泽含煤沉积;深湖相泥灰岩、油页岩层中富含有机质,为重要生油层;河流相和滨湖相颗粒粗,孔隙度高,为储油层。早、中侏罗世气候湿润,植物繁盛,与晚三叠世一起成为重要的造煤期。晚侏罗世气候干旱。白垩纪的地理格局总体与侏罗纪相似。东部以吕梁—雪峰山一线为界,东侧岩浆活动相对侏罗纪减弱,空间分布东移,开始发育松辽、华北、江汉等重要含油气盆地;西侧的大型稳定内陆盆地趋向萎缩,海侵局限于特提斯带和环太平洋带。西部仍为"南海北陆",南部海侵范围缩小,北部为内陆盆地。中国西部古地理与侏罗纪相似,仍为"南海北陆"。昆仑山以北为内陆盆地,以准噶尔盆地为代表,下统为灰绿色砂岩、泥岩,上统为砖红色砂岩、泥岩、砾岩,说明气候由温湿变干燥。

六、新生代的生物界

新生代包括古近纪、新近纪、第四纪,见表4-4以被子植物繁盛、哺乳动物兴起、人类出现和发展为主要特征。

表4-4　新生代地质年代划分简表

代	纪	世	代号
新生代	第四纪	全新世	Qh
		更新世	Qp
	新近纪	上新世	N2
		中新世	N1
	古近纪	渐新世	E3
		始新世	E2
		古新世	E1

(一)脊椎动物的演化

爬行类动物衰亡后,哺乳动物迅速繁盛,可分为三个演化阶段。欧亚、北非、北美的哺乳类动物面貌大体一致,以有胎盘类动物为主,澳洲则以有袋类、单孔类动物为主。古有蹄类、肉齿类动物繁盛。古近纪早期:古有蹄类、肉齿类动物繁盛。古有蹄类动物个体较小,齿比较原始,四肢和脚粗短,比较笨拙,如钝脚兽、恐角兽、阶齿兽、冠齿兽、亚齿兽等。肉齿类动物也是已绝灭的古老类型哺乳动物。古近纪中、晚期:古有蹄类、肉齿类动物大量衰退消亡,取而代之以奇蹄类和食肉类动物的繁盛,加上啮齿类、长鼻类、灵长类动物的发展,使动物群更为丰富,出现马、犀牛、象、鬣狗、猴、猿、鲸等。新近纪:偶蹄类动物大发展,象迅速演化,肉食类动物继续发展,如狗、狼、剑齿虎等均很繁盛。动物群的总体面貌与现代更为接近。

(二)水生无脊椎动物的更替和发展

原生动物货币虫繁盛,大型原生动物具灰质外壳,常堆积成货币虫灰岩,分布于南方温暖的浅海和滨海地区。浮游生物硅藻繁多,聚集形成硅藻土。海绵、六射珊瑚、双壳类动物、腹足类动物、海胆等繁盛。

(三)被子植物的发展及地理分区

被子植物占主要地位,裸子植物和蕨类植物占次要地位。植物经历两个发展阶段:古近纪是木本植物发展阶段,以木本被子植物的乔、灌木繁盛为特征;新近纪是草本植物发展阶段,草本植物逐渐增多,大量现代种、属出现。

(四)第四纪的生物界特点

哺乳类动物:开始出现现生种类,如马、真象、牛、骆驼、野牛、羊等,更为重要的是人类的出现和演化。鱼类:真骨鱼类继续发展。

两栖类动物、鸟类:已接近现代类型。爬行类:残存有披鳞和具甲壳的类型。陆生无脊椎动物:以双壳类、腹足类、介形类动物为主。

海洋无脊椎动物:六射珊瑚形成巨大的珊瑚礁,有孔虫为小型的浮游类。高等植物与现代的面貌一致。

(五)古近纪、新近纪的古地理

古近纪和新近纪气候分带明显,冰川活动剧烈。古近纪气候干旱带覆盖亚洲,占据中国西北和东南部。新近纪气候由温暖渐趋寒冷,最终进入第四纪冰期。中国的古近系至新近系以陆相沉积为主,以贺兰山—龙门山—大雪山为界,分东、西两大区域;海相地层仅局限于西藏南部、塔里木西南缘及台湾、雷州半岛。中国东部与中生代相比,主体沉降带东移,西侧中生代的鄂尔多斯盆地、四川盆地、滇中盆地抬升为高地(或高原);东侧出现了一系列以陆相沉积为主的新生代盆地,如渤海湾盆地、江汉盆地、苏北盆地、南雄盆地、百色盆地等。中国西部由于印度板块与欧亚板块碰撞,使得盆地与山系相间,延伸方向近东西向,盆地边缘形成巨厚的磨拉石式粗碎屑堆积。西北地区陆相盆地出现多个被高地、山脉所环绕,沉积厚度巨大的内陆山间盆地,如准噶尔盆地、吐鲁番盆地、柴达木盆地、塔里木盆地等,盆地呈东西向或北西向展布,以河湖相及山麓相沉积为主,多为干燥气候下的红色碎屑岩,常具石膏和盐岩夹层或团块。西藏地区始新世晚期,发生喜马拉雅运动。由于印度板块向北移动,俯冲于欧亚板块之下,喜马拉雅褶皱成山。雅鲁藏布江俯冲带上形成长条状分布的蛇绿岩套及混杂堆积,有来自不同层位的岩块。由于两个大陆板块硅铝层的叠覆,西藏高原区成为世界上硅铝层最厚的地区。第四纪是地史中最后一个纪,其主要特征是:人类出现和进化;冰川现象广布;大陆面积增大,升降差异明显;沉积类型繁多,大陆上主要为未完全固结成岩的陆相松散堆积。印度板块继续向北俯冲,使得青藏高原急剧抬升及其周围山系进一步发展,形成西部高原、山系、盆地相间的地势。太平洋板块向西继续俯冲,导致东部拉张断陷的再次出现,形成一系列北北东向的沉积盆地、断块山脉和长白山等。第四纪冰期和间冰期交替,引起冰川型海平面升降,造成海岸线的明显变化。

七、古生物类观赏石与文化

1.笔石

图库网址:https://zbxy.csiic.com/info/1204/3197.htm

笔石是对笔石纲化石的统称,是一类已灭绝的海洋群体生物,通常隶属于半索动物门,于寒武纪出现,于石炭纪绝灭。笔石虫体所分泌的骨骼称为笔石体(Rhabdosome)。笔石动物群体很可能是先后通过有性、无性两种生殖方式产生的。波兰古生物学家科兹沃夫斯基(Kozłowski)曾在个别笔石化石的胞管中发现卵状的囊状体,怀疑是笔石动物的卵,并据此推测,受精的虫卵发育成幼虫,离开母体,在水中浮游;而笔石动物的幼虫,先分泌原胎管,继而分泌亚胎管,无性芽生第一个胞管,再芽生第二个胞管,如此连续出芽,形成笔石枝。

笔石最早由分类学家林奈于1735年创立的类化石属"Graptolithus"演变而来,意为"笔在岩石中书写的痕迹"。常见的笔石化石实为笔石动物建造的居室,其软体部分已在漫长的地质历史中分解殆尽。起初,由于古生物学家对笔石的结构认识不足,常将其误描述成植物化石、痕迹化石、头盘虫化石、珊瑚化石、水螅化石以及苔藓虫化石等。

大多数笔石化石营浮游生活,一般长几厘米至几十厘米,较大的可达70 cm或更长。已报道的最大笔石化石体长达1.45 m。这些笔石通常保存于黑色页岩中,在砂岩、灰岩中偶有保存。笔石的常见保存方式有三种,即碳质薄膜压扁保存、黄铁矿化半立体保存、三维立体孤立保存。笔石动物外形呈树枝状、放射状、螺旋状,它们缩在自己分泌建造的外壳里,伸出几条布满触手的腕从海水中捞取食物。笔石,这种书写在岩石上的古生物遗迹,让人不禁想到连绵大山中陡峭岩壁上记录着古人类文明的象形文字。

笔石代表一种海水平静、水流不畅、氧气不足、生存条件恶劣的海洋还原环境。这种环境不适合其他生物生存,只有笔石化石能在这种污泥浊水的环境里生存繁衍,所以它是一种特别能吃"苦"的动物。笔石化石死亡后,落入海底黑色的淤泥中,在成岩过程中,其几丁质外壳经碳化作用,其中的氢、氮、氧等成分挥发,只留下碳质薄膜,形成如象形文字一般的化石。

湖南的笔石化石从早奥陶世出现至志留纪灭绝(距今约4.8亿~4.2亿年),其中湘潭的笔石只出现在早奥陶世(距今约4.8亿~4.6亿年),是一种非常重要的标准化石,科研价值很大。笔石动物的演化速度非常快,尤其是在奥陶纪和志留纪,每隔几十万年就会产生一大批新的种属。

2.角石

图库网址:https://zbxy.csiic.com/info/1204/3198.htm

角石,古无脊椎动物,是具有坚硬外壳的头足纲动物的总称。角石具有坚硬的外壳,顾名思义,角石外壳的形状像牛或羊的角,一般是直的,也可以是弯的或盘卷的。角石从开始发育到最终长成,壳的直径逐渐变大,肉体生长时不断前移并分泌钙质的壳,最后着生在壳体最前部,形成住室。住室后面向壳的尖端一方则形成一系列的气室,气室对角石的升降和平衡具有重要的作用。角石死亡以后,肉体通常很难保存,只有硬壳才能够保存成为化石。角石壳的外表不一定都是光滑的,不同种类壳的表面发育有不同的纹饰,如结节、瘤,各种横纹、竖纹等,体内隔壁、体管等构造也很不相同,它们都是重要的鉴定依据。我国角石化石资源非常丰富,北方奥陶纪地层中的鄂尔多斯角石、阿门角石、灰角石,南方奥陶纪地层中的震旦角石、盘角石、米契林角石等都是代表性属种,它们的化石长期以来被有效地应用于划分对比地层。

3. 蕨类化石

图库网址:https://zbxy.csiic.com/info/1204/3199.htm

蕨类植物是最早的陆地植物,其化石大量存在于志留纪以后泥盆纪和石炭纪的古生代地层中。其中许多是与现存蕨类有关联的原始类型,这在系统学上或作为标准化石方面具有重要的意义。

在中生代的三叠纪曾有介于石炭纪类型与现存类型间的中间型存在,在进入侏罗纪和白垩纪时,出现了与现存种类形态非常相近的类型[与里白相近的(拟里白),与金粉蕨相近的(类金粉蕨),与双扇蕨相近的网叶蕨属]。第三纪出现的化石种类与现存的种类完全相同(瓶尔小草、紫萁、球子蕨、槐叶)或几乎没有变化。主要的化石蕨可被看作现存高等植物的原始型,从古生的裸蕨类开始,有与卷柏类近缘的鳞木类、与水韭类相近的肋木类,与木贼相近的芦木类、楔叶类、新芦木以及大叶的古生蕨类等。在日本,中生代以后的化石种类很多,但是古生代的蕨类化石则几乎没有发现。

4. 三叶虫化石

图库网址:https://zbxy.csiic.com/info/1204/3200.htm

三叶虫是距今 5.6 亿年前的寒武纪就出现的最有代表性的远古动物,是节肢动物的一种,全身明显分为头、胸、尾三部分,背甲坚硬,背甲为两条背沟,纵向分为大致相等的三片——一个轴叶和两个肋叶,因此名为三叶虫。三叶虫属海生无脊椎动物,主要营底栖生活,也有部分在泥沙中生活和营漂浮生活。中国三叶虫化石是早古生代的重要化石之一,是划分和对比寒武纪地层的重要依据,主要的三叶虫化石品种有蝙蝠虫(Drepanura)、四川虫(Szechuanella)、副四川虫(Parasxechuanella)、似栉壳虫(即湘西虫)、王冠虫(Coronocephalus)、沟通虫(Ductina)。

三叶虫在距今 5 亿~4.3 亿年前发展到高峰,至 2.4 亿年前的二叠纪完全灭绝,前后在地球上生存了 3.2 亿多年,可见这是一类生命力极强的生物。在漫长的时间长河中,它们演化出繁多的种类,有的长达 70 cm,有的只有 2 mm 长。三叶虫在早古生代的寒武纪已发现动物化石 2 500 多种,除脊椎动物外,几乎所有的门类都有了。其中最多的就是三叶虫,约占化石保存总数的 60%。又因这里的三叶虫化石与其他地方不同,不是完整的虫体化石,而是在形成过程中只有虫体的硬体部分形成化石,这一部分化石头鞍弯曲如弓,两弓刺大于身一倍,两弓如翼而融为一体,身小如雨燕而得名,石玩者又称它为"飞上天石"。

5. 石燕化石

图库网址:https://zbxy.csiic.com/info/1204/3202.htm

石燕是一种早已灭绝的腕足动物。我国魏晋时期的地理学文献中就已经出现了关于该类生物化石的记载。如《水经注》卷三十八《湘水》曰:"东南流经石燕山东,其山有石,绀而状燕,因以名山。其石或大或小,若母子焉,及其雷风相薄,则石燕群飞,颉颃如真燕矣。"可见当时的人们就已经通过形态的观察,大胆地推测出石燕化石与海生蚶科动物之间存在着紧密关联。又因其形态优美似展翅飞燕,便发挥想象力俗传此"蚶"可"群飞"。《湘州记》曰:"零陵山有石燕,遇风雨即飞,止还为石。"腕足动物是生活在海底的一大类有壳的无脊椎动物,形态上与双壳类相似,实际上却是完全不同的两类生物,分类学上分别属于腕足动物门和软体动物门双壳纲。区分腕足动物和双壳动物时,最简单的方法是观察壳体的对称面。单壳左右对称即为腕足动物,两壳对称而单壳左右不对称则为双壳类。古人所谓的石燕通常指产自我国湘中地区的具褶石燕,分类学上属于弓石燕超科。然而从广义上来说,石燕贝类其实家族成员数量庞大,支系繁杂,分类学上构成了一个独立的石燕贝目。我国古生物学者的研究已证实,华南是全球石燕贝类的起源地,其最初的成员始石燕的出现可追溯到距今约 4.5 亿年前的奥陶纪晚期。石燕贝目的拉丁文名称"Spirifer"一词原意为"具缠绕物的",这十分形象地概括了石燕贝类的总体特征,即具有螺旋状的腕螺。腕螺是纤毛环(摄食器官)所依附的钙化骨骼,因此它并不像早期人们所猜测的那样可以任意延展并伸出壳外。

石燕形似燕,其实是石也,性凉,无毒,既可以作为中药材,还可以作为玩物欣赏。

6. 鹦鹉螺类化石

图库网址:https://zbxy.csiic.com/info/1204/3205.htm

鹦鹉螺是海洋软体动物,已经在地球上经历了数亿年的演变,但外形、习性等变化很小,被称作海洋中的"活化石",目前仅存于印度洋和太平洋海区。其壳薄而轻,呈螺旋形盘卷,壳的表面呈白色或者乳白色,生长纹从壳的脐部辐射而出,平滑细密,多为红褐色,整个螺旋形外壳光滑如圆盘状,形似鹦鹉嘴,故此得名"鹦鹉螺"。鹦鹉螺在古生代几乎遍布全球,但现在基本绝迹了。鹦鹉螺住在一个卷形的外壳里,壳内部被隔板分成好几个空腔,最外边的空腔是鹦鹉螺软体部分的住室,在遇到危险时,它可以把用来捕食的触手缩回到住室里。里面的几个空腔通过一根贯穿隔板的肉质细管(即体管)与住室联系起来。研究显示:新生代渐新世的螺壳上,生长线是 26 条;中生代白垩纪的是 22 条;中生代侏罗纪的是 18 条;古生代石炭纪的是 15 条;古生代奥陶纪的是 9 条。由此推断,在距今 4.2 亿多年前的古生代奥陶纪时,月亮绕地球一周只需 9 天。地理学家又根据万有引力定律等物理原理,计算了那时月亮和地球之间的距离,得到的结果是,4 亿多年前,二者的距离仅为现在的 43%。科学家对近 3 000 年来有记录的月食现象进行了计算研究,结果与上述推理完全吻合,证明月亮正在远去。鹦鹉螺现有的种类不多,但化石的种类多达 2 500 种。这些在古生代高度繁荣的种群,构成了重要的地层指标。地质学家利用这些存在于不同地质年代的化石,可以研究与之相关的动物演化、能源矿产和环境变化,为人们利用自然、改造自然提供科学的依据。

鹦鹉螺有着多重迷人的身世。它被古生物学家习称为无脊椎动物中的"拉蒂曼鱼"(一种活化石的代名词)这些具有分隔房室的鹦鹉螺,历经 6 500 万年演化,外形似乎鲜少变化,这让科学家惊叹不已。而它们的祖先族群达 30 多种,却在 6 500 万年前那场大劫难中,与恐龙同遭灭绝的命运。很多生物就是这样从自然界消失,在人类的壁橱里或者博物馆里见证着生态的演变。唯独鹦鹉螺的壳自从演变成现在的模样就没有多大变化,所以它是现存软体动物中最古老、最低等的种类,也是研究生物进化、古生物与古气候的重要材料,有"活化石"之称。稍有变化的是它们生活的环境从原来的浅海移到 200~400 m 的深海中。它们白天在水下,晚间浮到浅海觅食。鹦鹉螺是肉食性动物,食物主要是弱小的鱼类和软体动物。据说在暴风雨过后的夜里,鹦鹉螺会成群结队地漂浮在海面上,被水手们称为"优雅的漂浮者"。在中国的收藏品市场上,鹦鹉螺的贝壳并不少见,它的美丽花纹和独特的形态,加上传奇般的生存状态,使其成为当之无愧的"艺术品"。

7. 珊瑚化石

图库网址:https://zbxy.csiic.com/info/1204/3206.htm

珊瑚化石,俗称石柱子、珊瑚玉。由于单体珊瑚的外层细胞具有分泌石灰质外骨骼的能力,石灰质包裹住软体部分,形成了珊瑚的外壁。常见的珊瑚化石有单体和复体两大类型。珊瑚化石为腔肠动物门珊瑚虫外胚层分泌的钙外骨骼,也有为中胶层内的骨骼所形成的化石,多为块状集合体,地表风化后表面呈蜂窝状花纹,又称"蜂窝石",种类繁多。

8. 中华龙鸟化石

图库网址:https://zbxy.csiic.com/info/1204/3207.htm

中华龙鸟生存于距今 1.4 亿年的早白垩世。1996 年在中国辽西热河生物群中人们发现了它的化石。学者们开始以为它是一种原始鸟类,定名为"中华龙鸟",后经科学家证实其为一种小型食肉恐龙。1996 年,一位农民在中国辽宁省拟灰岩层中发现这种小型动物的化石。北京中国地质博物馆的季强发现这枚化石具有恐龙骨骼与疑似羽毛的痕迹,于是命名其为原始中华龙鸟。

9. 长身贝化石观赏石

图库网址:https://zbxy.csiic.com/info/1204/3208.htm

长身贝贝体向前方延伸颇长,故而得名。壳面常有针刺,借以附着在他物上。长身贝生存在石炭纪,是古无脊椎动物,属腕足动物门、扭月贝目。其腹壳隆突,背壳扁平或凹陷。大长身贝(Gigantoproductus)是体型最大的腕足动物之一,为早石炭世地层中的一类标准化石,在野外通常聚集成层,壳体宽达 10 cm 以上。而地史时期绝大多数腕足动物体长不超过3 cm。

为深入了解这类大型腕足动物的分布和演化规律,南京古生物所乔丽博士等在华南多次野外工作中采集了一定数量的相关标本,同时结合已经记录的大长身贝化石产地和地理分布研究分析了它们的分布和演化规律。研究发现大长身贝的空间和时间分布具有很明显的局限性。时间上,它们主要出现在早石炭世中晚期(维宪期中期—谢尔普霍夫中晚期)。空间上,它们主要分布在欧亚地区。通过古地理重建发现,大长身贝主要围绕中、低纬度的古特提斯洋分布,因此适应赤道地区相对狭窄区域的气候和环境。因此,当早石炭世晚期全球晚古生代大冰期大规模发展时,大长身贝就迅速消失了。目前有关大长身贝体形大小的影响因素仍需更多研究。

10. 羊齿化石

图库网址:https://zbxy.csiic.com/info/1204/3209.htm

南非有着一系列鲜为人知的植物化石,被称作舌羊齿(Glossopterids)。这种树曾经与蕨类、马尾厥、石松类等古植物群一同生长在大片的沼泽中。这种极为丰富的化石资源存在于非洲大部分地区,特别是纳米比亚、津巴布韦、莫赞比克,以及更北边的赞比亚、坦桑尼亚、肯尼亚,甚至马达加斯加都有它们的痕迹。

11. 鱼类化石

图库网址:https://zbxy.csiic.com/info/1204/3210.htm

鱼类是一种水生脊椎动物,种类繁多,包括无颌纲、盾皮纲、软骨鱼纲、棘鱼纲以及现代硬骨鱼纲。经过数亿年演化,鱼类从兴起走向繁盛,在泥盆纪占据了绝对优势,所以泥盆纪称作"鱼类的时代"。泥盆纪的原始鱼类化石主要分布于滇东、桂中及湘、鄂、赣等省区,保存在砂岩、粉砂岩中。

12. 始祖鸟化石

图库网址:https://zbxy.csiic.com/info/1204/3211.htm

始祖鸟(Archaeopteryx)是一种生活在侏罗纪晚期的小型恐龙,隶属于恐爪龙下目,代表了一种恐爪龙类的原始类型。它比后来发现的孔子鸟与辽宁鸟的诞生年代更早,名字是古希腊文中的"古代羽毛"或"古代翅膀"的意思。1861年在德国巴伐利亚晚侏罗世距今约1.5亿年的海相地层中发现的始祖鸟化石,迄今仍被认为是世界上最古老的鸟类化石。它的头骨原始,口中具利齿,前肢有三枚指爪。实际上,始祖鸟的发现可以追溯到1861年之前。早在1855年,德国就有始祖鸟化石出土,只是由于始祖鸟骨骼非常原始,因此标本在发现之初被鉴定为翼手龙(Pterodactylus crassipes)。1861年出土的那件始祖鸟标本,因其保存了精美的羽毛印痕而被认为是鸟类化石。1970年,奥斯特罗姆(Ostrom)博士对那件被鉴定为翼手龙的标本重新研究时才发现这是一枚始祖鸟化石。类似的情况还发生在艾希斯泰特(Eichstatt)出土的标本上,这件标本最初因其长长的前肢而被鉴定为细颚龙(Compsognathus),而后作了修正。这样,在之后的一个多世纪里,在布伦贝格(Blumrberg)、朗恩艾特罕(Langenaltheim)以及邻近地点陆续发现了包括羽毛在内的总共8枚始祖鸟相关标本。德国索伦霍芬这片土地不知被多少学者争相报道了一个多世纪,可始祖鸟依然魅力不减。

2005年12月,德国著名古鸟类学家杰拉尔德·梅尔(Gerald Mayr)和他的同事斯蒂芬·帕特尔斯(D.Stefan Paters)还有美国的私人化石收藏家伯克哈特·波尔(Burkhard Pohl)在Science杂志上公布了一枚新发现的始祖鸟化石。这是迄今为止发现的第10枚始祖鸟化石,标本保存了一副近乎完整的骨架。

13. 恐龙蛋化石

图库网址:https://zbxy.csiic.com/info/1204/3212.htm

恐龙蛋是恐龙类动物所生下的能传宗接代的生殖产物。恐龙蛋化石大小悬殊,小的直径在3 cm左右,大的直径可达56 cm。恐龙蛋化石的形状通常为卵圆形,少数为长卵形、椭圆形和橄榄形。恐龙蛋中最珍贵的品种是含有胚胎的恐龙蛋。中国是世界上恐龙蛋化石埋藏异常丰富的国家,无论在品种上还是在数量上,都令世人瞩目。河南南阳,广东南雄、始兴、惠州、河源、江西信丰、赣州,山东莱阳,四川,内蒙古,江苏宜兴,湖北郧阳区等地都是重要的恐龙蛋化石产地。恐龙是卵生生物,在其灭绝时除了留下化石的骨骼外,还有恐龙蛋化石。未被破坏的恐龙蛋化石成了考古学家研究这古老生命的重要资料,也是现代人类探索过去历史的重要途径之一。椭圆的化石包裹了神秘的生命和文化,本身具有非常高的科学价值、观赏价值、收藏价值。恐龙蛋化石是非常珍贵的古生物化石,目前全球的恐龙蛋化石的总量也就上千枚。可以说恐龙蛋是无价之宝,它们是恐龙在地球生存1亿6 000万年的证据。

14. 菊石化石

图库网址:https://zbxy.csiic.com/info/1204/3213.htm

菊石亚纲(Ammonoidea)是一群已经灭绝的海洋生物的总称,生存于中奥陶世至晚白垩世,因其表面通常具有类似菊花的线纹而得名。菊石通常分为 9 目约 80 个超科,约 280 个科和约 2 000 个属,以及许多种和亚种等,它与鹦鹉螺是近亲。菊石是软体动物门头足纲的一个亚纲。菊石最早出现在古生代泥盆纪初期(距今约 4 亿年),繁盛于中生代(距今约 2.25 亿年)。现在普遍认为菊石是从泥盆纪开始出现,历经 3 亿多年在白垩纪末期灭绝。3 亿多年的演化史给菊石家族留下各式各样丰富多彩的成员,它们的壳有直的、弯的、卷的、拐弯的等。菊石的演化史经历了地质史上的四次大灭绝,每次都从简单光滑的外壳进化到繁复的壳饰和形态。菊石壳体中的软体部分和菊石的生活史,长久以来,由于化石证据的缺失,一直是科学家们梦想解开的谜题。据最新的研究显示,菊石可能是底栖动物,以小的甲壳类动物为食,或许白垩纪末导致菊石灭绝的根本因素就隐藏在最新的证据里面。

彩斑菊石是近年来进入宝石世界的一种非常有趣、颜色富于变化的品种。20 世纪印第安人发现了彩斑菊石,认为彩斑菊石是能带来财富的好运石。1981 年在加拿大阿尔伯塔省发现了新的彩斑菊石资源,可以为市场提供充足的优质彩斑菊石后,其才被用来制作珠宝首饰。

彩斑菊石实际上是菊石化石,一种百万年前已经灭绝了的甲壳类动物的化石。菊石的盘绕形态很受化石收藏爱好者的欢迎。彩斑菊石的英文名称来源于古埃及的太阳神阿蒙,这位神的脑袋上长着像山羊一样弯曲缠绕的角,其形象和彩斑菊石中盘绕的菊石形象相似。彩斑菊石是菊石化石中的钙质成分被其他矿物(如黄铁矿、铁、方解石等)替换形成的。光从宝石的薄层间穿过时发生干涉作用,被分解成彩虹色反射到人的眼中,这就是彩斑菊石产生不同寻常的颜色和虹彩的原因。彩斑菊石有着自身的特点,尽管在某些方面和黑欧泊很相似,但表面特殊的、几乎破碎的斑块形成了蛇皮一样的图案。彩斑菊石的颜色斑驳明亮,包括橙色、红色、绿色和黄色。蓝色和紫色也有出现,但这两种颜色比较稀少,价值很高。最好的彩斑菊石会同时具有三种或三种以上的颜色,就像优质欧泊一样,颜色会随着宝石的转动而发生变化。颜色的深浅、范围和色斑的图案是彩斑菊石最重要的质量因素。色斑间的距离和没有颜色的暗区面积越小越好。好的彩斑菊石色斑间几乎没有或只有小的间隔,或者在色斑的空隙形成非常有趣的图案。如果这些图案具有特殊的魅力,就会提升这块彩斑菊石的价值。如果颜色间的间隔较大或者比较明显,彩斑菊石的价值就会降低。

15. 鱼龙化石

图库网址:https://zbxy.csiic.com/info/1204/3214.htm

鱼龙是生活在海洋中的一类大型海栖爬行动物,分类学上属于爬行纲中的调孔亚纲。它们的外形像鱼,四肢发育成桨状,适于游泳;眼眶很大,嘴部较长,上下颌长满了尖锐的牙齿。鱼龙为食肉动物,繁殖方式属于卵胎生。鱼龙是恐龙的"远亲",是一种重新回到海里生活的爬行动物,繁盛于三叠纪和侏罗纪时期。科学家在中国安徽发现一枚鱼龙化石,这条鱼龙在大约 2.5 亿年前的生育过程中丧生。这枚化石被认为是在生育过程中丧生的最早的远古海洋爬行动物的一个鲜活实例。

16. 鹗头贝（鹰嘴螺）化石

图库网址：https://zbxy.csiic.com/info/1204/3215.htm

鹗头贝（Stringocephalus）属腕足动物门（Brachiopoda）。腕足动物具绞纲穿孔目，生活在古生代泥盆纪，距今已有 4 亿年历史。这个物种早已灭绝，但是我们可以通过那些壮观的化石了解鹗头贝极其昌盛时的景况。

第五章　观赏石文化产业现状与展望

一、文化产业概况

（一）"文化产业"的缘起。

"文化产业"这一概念是法兰克福学派的代表人物本雅明在 1926 年发表的《机械复制时代的艺术》这篇文章里提到的,讲述了 20 世纪二三十年代中西方国家萌生的一种新的文化现象,即随着留声机、收音机、电影等的发明而来的文化领域的巨大变革。

文化创意产业（ Cultural and creative industry ）是一种在经济全球化背景下产生的以创造能力为核心的新兴产业,强调一种主体文化或文化因素依靠个人（ 团队 ）通过技术、创意和产业化的方式开发、营销知识产权的行业。

（二）为何重视文化产业

进入 21 世纪后,中国的文化产业开始逐步融入国际文化市场。随着大量外国文化产品进入中国市场,中国文化企业开始与外国文化企业竞争。我国提出发展文化产业,繁荣文化市场,扩大文化消费,培育具有国际竞争力的文化企业,提升文化产业的综合实力和国际竞争力,满足开放型经济,坚持"走出去"的发展战略。文化产业不仅对经济发展有巨大的推动作用,而且整合了多元的价值观和道德规范,是我们民族凝聚力的重要载体。在各国文化相互影响的背景下,文化产业的发展不仅可以增强综合国力,还可以促进和培育民族精神,促进全民团结。

（三）我国文化产业的发展现状

目前,我国有关文化产业的研究已经成为学术界的热点,但是学术界关于文化产业发展方面的系统化理论力作很少见到。马克思主义文化理论方面的著作,往往重视文化的起源和性质、文化的分类、文化的发展、文化的动力等,而忽略了文化管理、文化环境、文化市场、文化秩序、文化产业与文化事业的区分等问题。随着解放思想、实事求是、与时俱进的思想路线的不断落实,特别是随着改革开放的深入和各种新兴文化产业的出现,当今社会正在逐步由传统的工业经济向文化经济的时代转型。经济基础决定上层建筑,经济发展决定了文化理论的进步。中国社会科学出版社出版的《世界经济文化年鉴》和"现代经济文化丛书"已经在学术界产生了一定的影响。许多学者指出,经济与文化的相互渗透和协调发展是当今社会发展的新趋势,是社会全面进步的重要标志。在市场经济发展中,应充分发挥文化的主导作用,运用可持续发展的基本思想,构建与社会主义市场经济相适应的价值体系、知识体系、理念形态和生活方式,使经济的发展更加深入于文化之中,使二者互相促进,协调发展。然而,学者们的研究大多集中在社会主义市场经济条件下的文化促进方面,而较少涉及文化产业化方面。

目前文化产业研究大致可以分为三种,即基础理论型研究、政策落实型研究和经验介绍型研究。基础理论型研究主要研究文化产业的含义、背景、功能、特征和意义等;政策落实型研究多以我国某区域的实践为研究对象,提出发展文化产业的措施等,具有丰富的地方特色和多样性的实践内容;而经验介绍型研究又分为宏观的研究和微观的研究两种,宏观的研究多以一个国家的发展模式为研究对象,微观的研究多以某一个典型的文化企业的发展为研究对象,系统揭示其发展模式和运作规律,给人以多种启迪。以上的各种研究为本书的研究提供了基础,但综观以往的研究成果,笔者认为,这些研究还是比较笼统的,不够系统,特别是对县域文化产业方面的研究还很不足,而发展县域文化产业恰好是当前深入发展文化产业的基础,因而有必要对此加深研究。

(四)新时代文化产业背景

《文化部"十三五"时期文化产业发展规划》明确了"十三五"时期文化产业发展的主要目标:到 2020 年,文化产业成为国民经济的支柱性产业。 2017 年 5 月,中共中央办公厅和国务院办公厅发布的《国家"十三五"时期文化发展改革规划纲要》也强调,"十三五"末文化产业成为国民经济支柱性产业。这代表中国文化产业进入黄金机遇期。

文化是民族的血脉,是人民的精神支柱,是国家强盛的重要支撑。推动物质文明和精神文明协调发展,坚持"两手抓,两手都要硬"的原则,发展并繁荣社会主义先进文化,是党和国家的重要战略方针,开创了中国特色社会主义事业新局面,使社会主义文化建设进一步呈现出了繁荣发展的生动景象。对中国特色社会主义理论体系最新成果的不断学习和宣传使得中华民族伟大复兴的中国梦和社会主义核心价值观深入人心,主旋律更加响亮,正能量更加强劲。文化体制改革进一步深化,文化产业持续健康发展,文艺创作日益繁荣,中华优秀传统文化广为弘扬,人民群众精神文化生活更加丰富多彩。我们仍需加快文化走出去的步伐,大幅提高国际传播能力,进一步提升中华文化国际影响力。

二、观赏石文化溯源

观赏石文化又称奇石文化,是人类石文化现象中的一个重要分支,其基本内容是以天然石块为主要观赏对象而衍生出来的一种文化。

一般来讲,东方奇石文化比较注重人文内涵和哲理性,往往具有抽象的理念和主观的感性色彩,被观赏的天然奇石往往丰富多彩;而西方赏石文化则比较注重科学意义,有比较直观、明确的科学理念,其观赏主体常以化石和矿物晶体、标本为主。因此东方奇石文化的内涵实际上是东方民族的传统文化在石领域中的反映和延伸,而西方赏石文化则主要是一些科学的、技术的基本知识在具有观赏价值的石头方面的印证和展示。

由于玉石产量在古代十分稀少,因此十分珍贵,故以"美石"名之。因此中国的奇石文化可以说是赏玉文化的衍生与发展。《说文解字》云"玉,石之美者",这就把玉归入石头一类了。于是奇石、怪石后来也跻身珍品之列,成为颇具地方特色的上贡物品。商周的宫苑建筑,奇石就是点缀的重要饰品。《尚书·禹贡》记载,当时各地贡品中就有青州铅松怪石和徐州泗滨浮磬。显然,这些3 000多年前的贡品就是早期的奇石文化的原点。

随着社会经济的不断进步和园圃(早期园林)的出现,使得奇石文化首先在造园实践中得到了较大的发展。从秦汉古籍所描述的情景中可以看出,秦汉时期的皇家园林内部奇石颇多。即使在战乱不止的三国及魏晋南北朝时期,许多达官贵人的宅邸都使用了很多奇石作为装饰。

三、我国观赏石文化目前的发展状况

我国观赏石文化受到快速发展的社会、经济、科技、文化等一系列因素的影响,已经产生了新的文化内涵。伴随着采矿业、地质业以及矿石新石种的不断发掘,同时伴随着国际上奇石文化交流活动的逐渐增多和市场需求量的急剧增加,人们对待观赏石的态度也在逐渐地改变。以下从大众化、规范化、专业化和市场化四个方面来讨论中国奇石文化目前的发展现状。这四个方面既各自独立又相互影响,不断地推进我国奇石文化向前发展。

(一)大众化

随着我国经济的不断发展,国民收入稳步提升,从前只有达官贵人才能拥有的奇峰怪石如今也走入了寻常百姓家,越来越多的奇石藏友开始大量搜集各种奇石、怪石,不论是作为庭院装饰还是房屋内的摆设,奇石文化俨然已经成为一种新的潮流。由奇石文化衍生出的各类活动通过媒体的报道已经成为具有相当知名度和影响力的社会现象。奇石文化的大众化发展趋势给其注入了旺盛的生命力,使其取得了划时代意义的历史成就。今后,随着我国人民文化精神生活需求的日益提高,奇石文化将吸引越来越多的爱好者参加进来。

(二)规范化

目前我国奇石文化的发展相当迅猛,却没有一个统一的行业管理,导致现在的奇石文化行业在各个方面都没有一个完整的全国统一的规范。奇石名称、奇石定义、奇石价格、奇石分类分级及标准等完全凭借经验和行业内不成文的规定来制定,容易产生一些不利于奇石文化发展的现象。甚至有些人在奇石文化活动中违反科学,信口开河,脱离实际,以次充好,主观臆断,全凭自己的喜好来判断奇石的好坏,这是奇石文化发展传播的致命伤,也是产生目前多种问题的重要根源。

为奇石文化设定一个统一的标准现在已成为大多数石友的共同心声和强烈的期望。中国观赏石协会制定的《观赏石鉴评标准》在近年来的推广使用,开启了石雕文化活动规范化的新局面。相信该标准的制定将对我国奇石文化活动的规范化起到很好的引领作用。

(三)专业化

奇石文化的专业化主要表现在采石、石材表面清理、奇石评价、奇石加工、奇石收藏、奇石文化传播教育、园林石材布局等方面。然而,在奇石鉴赏、奇石展览、奇石收藏、奇石理论研究、奇石文化活动以及奇石文化传播教育等方面,没有任何的监督体制,没有一个良好的运行机制且没有国家认定的鉴评师。以次充好和弄虚作假的现象相当严重,使得奇石文化还处在"自由发展"的混乱无序阶段,这与今天奇石文化发展的大好形势极不相符。这是我国今后继续发展奇石文化的严重障碍。所以专业机制的建立健全和专业人才的培养是我国奇石文化继续发展的迫切需要。近几年,一些高等院校开始开设奇石文化选修课程,表明一些高校中的教师也开始加入奇石文化的专业队伍中来。中国观赏石协会也准备建立专家人才库和专业鉴评师队伍,这些都将是奇石文化专业化发展中的重大建树。

(四)市场化

目前,我国奇石市场发展迅猛,遍及全国各地,但大多还是初级市场,其中地摊市场、家庭市场、分散的个体市场以及非正规的拍卖市场仍占据着很大的市场空间,而石展市场、奇石超级市场、网络正规市场等却非常稀少,再加上目前的奇石市场没有行业管理,没有行规约束,更没有价格监督,这些问题虽然无法掩盖奇石文化的魅力,但却严重损害了奇石文化的形象,阻碍了奇石文化的发展。因此,未来奇石市场必须继续扩大规模,在工商行政管理部门的监督下,在中国观赏石协会的指导下,对奇石文化行业进行正规化和专业化管理。近年来,许多地方的奇石文化展览,依托政府资本和民间赞助的形式,为奇石文化的传播和发展作出了巨大贡献。奇石界的许多专业人士开始出版奇石读物和举办奇石展览,奇石市场的逐渐成熟必将有助于奇石文化的长期稳定发展。

四、观赏石文化产业展望

(一)增强奇石文化的品牌意识

虽然我国地大物博,奇石繁多,奇石文化源远流长,但在奇石文化品牌建设的过程中,人们对奇石文化品牌的理念、品牌设计等仅提出大致轮廓,并未形成较为清晰的脉络,对奇石文化品牌的打造仍没有实质性的举措。这就要求奇石文化企业在经营管理奇石时要树立正确科学的发展观,注重奇石文化产品的质量和口碑,着力于奇石品牌的创新和品牌运营。首先要对奇石产业进行合理定位,坚定"物有所值",不能以次充好,而要把品牌的口碑打出去,把品牌的质量立起来。其次要与时俱进地挖掘奇石的美学价值和工艺价值,创造一些符合现代年轻人时尚的奇石产品。最后要扩大奇石文化活动的影响力,注重开发奇石产业的衍生品,引领奇石文化产品的时尚潮流,从而深度挖掘产品的价值,建立起奇石产业的核心竞争力。

(二)建立起科学的奇石文化品牌规划

目前全国奇石文化品牌建设小、弱的现象仍然十分突出,分布较为零散,就算一个奇石大省也没有一个能对应的行业品牌,缺乏一定的科学规划和有效的资源整合。首先政府应当发挥其在经济社会发展中的重要主导作用,加大对奇石文化产业的支持和引导,同时制定相关法律法规,建立起奇石资源开发的保护政策。政府的支持是发展观赏石文化及观赏石事业的先决条件。二是引入相关政策,吸引经济实力雄厚、技术水平较高的企业通过市场化参与奇石产业的发展,并利用一些成熟公司的文化品牌建设新的奇石文化品牌。最后,政府要积极科学地规划奇石文化资源的开发,为创建奇石文化品牌营造良好的外部宏观环境。

(三)奇石产业的集聚力不够

首先,人才是奇石产业开发的首要制约因素,目前市场中奇石的开采、设计、加工、营销、管理等方面都迫切需要专业人才,有好的人才运营,产业品牌才能有好的保障;文化产业非营利组织及高等院校也应发挥积极作用,培养符合市场需求的奇石文化产业品牌相关方面的人才,高校的课程设置应与相应的人才培养相适应。

其次,奇石文化产业要形成区域内统一协调的文化产业集群,可以将奇石、珠宝、文玩等产业进行整合,依托比较成熟的珠宝品牌带动奇石品牌进行特色营销,从而提高市场的吸引力和占有率。

(四)奇石产业的品牌宣传力度不够

品牌的发展离不开市场的宣传,尽管目前对奇石文化感兴趣的人越来越多,对奇石文化的研究也不断加大,但在奇石文化传播上却鲜有建树,宣传创意内容打造上也有待加强。虽然举办了不少奇石展览,但往往活动结束后便销声匿迹,没有做到大范围的整合式传播,应该充分利用展会、报刊、广播电视、互联网等形式经常性地对奇石文化进行宣传,并建立奇石文化馆、奇石博物馆等长久性宣传建筑;还可以积极与建筑、景观、装饰界的产业链对接,在人流量大的纪念品商店、商场进行嵌入式展示和营销。

(五)扶植奇石外延产业,打造奇石品牌产业链

现有奇石品牌往往只注重奇石销售的方面,而对其他相关方面的开发极度不足,造成了非常大的资源浪费,对奇石品牌的扩大起不到积极作用。

要扩大奇石品牌的影响力,就要努力实现产业多元化和周边化。奇石文化品牌的发展可带动许多服务业的发展,如交通、旅游、展览、餐饮、住宿、摄影、美术、装饰等。在品牌发展过程中,要以奇石产业品牌为主导,带动相关产业发展,打造特色奇石文化产业链。作为中

国文化产业的重要产业之一,中国奇石文化产业要抓住发展机遇,不断开拓创新,打造强大的奇石文化品牌,推动中国奇石产业发展,让奇石产业品牌成长壮大,不仅在中国壮大,而且要走出国门,成为中国经济增长的重要组成部分。